当代生态经济文库(三)

东乡灾后重建资源环境承载能力评价

徐中民　包东红　钟方雷　赵四辈　等著

黄河水利出版社
·郑州·

内容提要

本书分析了东乡县“3·2”特大滑坡灾害原因，明确了全县区域自然灾害的风险，在研究灾区生态系统功能特征、环境容量和区域产业结构，以及滑坡对区域资源、生态环境、次生地质灾害等影响的基础上，科学地评价了东乡县重建区域的资源环境承载能力，为决策提供了科学支撑。全书理论方法与实践需求紧密结合，反映了灾后重建资源环境承载能力评估工作的最新进展。

本书可供生态经济、经济地理、资源经济、资源环境承载力评估、区域可持续发展、灾后重建规划等相关学科的科研人员及政府有关部门决策人员参考。

图书在版编目(CIP)数据

东乡灾后重建资源环境承载能力评价/徐中民等著.—郑州：黄河水利出版社，2012.9

ISBN 978-7-5509-0353-1

Ⅰ.东…　Ⅱ.①徐…　Ⅲ.①滑坡-灾区-重建-自然资源-承载力-评价-东乡县　Ⅳ.①X372.424

中国版本图书馆 CIP 数据核字(2012)第 217591 号

出 版 社：黄河水利出版社

地址：河南省郑州市顺河路黄委会综合楼 14 层　　邮政编码：450003

发行单位：黄河水利出版社

发行部电话：0371-66026940、66020550、66028024、66022620(传真)

E-mail：hhslcbs@126.com

承印单位：郑州海华印务有限公司

开本：787 mm×1 092 mm　1/16

印张：7.75

字数：176 千字　　印数：1—1 000

版次：2012 年 9 月第 1 版　　印次：2012 年 9 月第 1 次印刷

定价：28.00 元

总 顾 问：

程国栋　王　涛　杨生荣

编写人员：

徐中民　包东红　钟方雷　赵四辈
陈　峰　刘玉卿　宋晓谕　邓晓红
蔡国英　尹小娟　黄茹莉　潘护林
程怀文　朱虎明

出版前言

当人类跨入21世纪的时候,科学研究的方式发生了很大的变化,已经进入了多学科交叉和团队协作研究来解决全球性重大问题(如全球变暖、生物多样性损失、环境污染、水土流失等)的新时代。生态经济学作为一门倡导从最广泛的角度来理解生态系统与经济系统之间复杂关系的新兴交叉学科,最近十多年来得到了迅速的发展,其在可持续发展的定量衡量、环境政策和管理、生态系统服务评价、生态系统健康与人类健康、资源的可持续利用、集成评价和模拟、生活质量及财富和资源的分配等方面的研究取得了突破性进展,对理解和解决环境问题做出了巨大的贡献。

个人能否成才通常取决于智商、情商、健商和机遇等许多因素,其中健商最为重要,"一个人做对的事情比做对事情更重要"指的就是一个人要有健商。一门学科的发展与此有许多相似之处。我国西北地区经济发展落后,生态与环境脆弱,从生态经济的角度来理解环境问题的病因、探询生态系统与经济系统和谐发展的机制、找寻积极而有效的行动对策措施,无疑是正确的方向。在知识创新和文化创新的背景下,中国科学院寒区旱区环境与工程研究所与兰州大学、西北师范大学等高等院校的一批对生态经济问题有浓厚兴趣的青年科研人员自发组织成立了一个学习型生态经济研究小组。该团队以五项修炼(自我超越,改善心智模式,建立共同愿景,团体学习和系统思考)为加强自身个人修养的要旨,目标是为解决西北地区突出的生态经济问题做出自己的贡献。这说明生态经济学科在西北的发展已经具备"智商"、"情商"和"健商"的基础,所缺的只是"机遇"。在西部做事比东部难、机遇少是当前不争的事实,但要认识到机遇只垂青于有准备的头脑,我们需要创造条件,等待机会。切莫在机遇来时,因自身条件限制而不能抓住,空悲叹。

如何创造条件?科研有它自己的规律,讲求厚积而薄发,"十年铸一剑"。任何学科的进步,都是靠一代又一代人的积累。没有旧知识的积累,就不会有新知识的拓展。对我国生态经济的发展而言,现阶段的任务主要是学习国际上的"开山斧法"。由于我国目前生态经济学科发展与国际前沿存在较大差距,要想顺利通过面前的"文献山",跟上国际前沿,找到国际上生态经济研究的"开山斧"著作,并将它翻译介绍进国内,是一种很好的厚积斧头的方式。

当然我们不能仅满足于掌握国际上的"开山斧法",我们的最终目的是拥有自己的"开山斧法",也就是要做出自己的创新成果。从现阶段的实际情况来看,要开创自己的"开山斧法"困难重重,但只要大家能静下心来,好好演练国际上生态经济研究的"开山斧法",并以十年铸一剑的毅力和勇气,持之以恒,在不久的将来定能拥有自己的"开山斧法"。

希望通过大家坚持不懈的努力,在不久的将来能在研究范围、研究内容、研究方法和手段等方面跟上世界生态经济研究的前沿,甚至能在一些方面结出自己的思想之果,引领风骚。

春风拂柳，拂昔追远，迎着朝辉，充满希望。

我和大家一起瞻望中国生态经济研究的未来！

2006 年 10 月 16 日

摘 要

2011 年 3 月 2 日，甘肃东乡县城撒尔塔广场发生滑坡，造成重大经济损失，严重威胁到当地人民群众生命财产安全。滑坡灾情引起了国务院、国土资源部和甘肃省领导的高度重视，省政府成立了东乡县特大滑坡地质灾害抢险救灾和灾后重建指导协调小组，下设 5 个工作组。本工作组为“资源环境承载能力评价组”，主要任务是对本次灾害的成因、区域地质灾害危险性、工程地质和水文地质状况、生态环境状况及容量等方面做出综合评价，提出县城灾后重建选址建议，适宜人口居住和建设的范围，评估资源环境承载能力，提出可持续发展建议。本工作组由中国科学院兰州分院牵头，中国科学院寒区旱区环境与工程研究所具体承担评价工作。工作组成立以后，相关专家对现场做了多次考察，在临夏东乡等地实地开展工作，结合国土、建设、地质、测绘等部门长期积累的大量资料，并通过反复征求有关部门和地方政府的意见，完成了评价工作。主要结论摘要如下。

一、指导思想和主要内容

以科学发展观为指导，坚持以人为本，以保障群众生命财产安全和改善民生为核心，科学评估自然资源环境本底状况，坚持资源环境承载能力评估与促进民族和谐团结相结合，与提高防灾能力相结合，与生态建设相结合。结合东乡县的实际情况，工作组认为资源环境承载能力评价应在原则性层面上回答以下 5 个问题：

①在何处重建？

②重建区域的资源环境承载能力有多大？

③东乡县区域灾害风险情况如何？

④怎样建立一套防灾减灾体系？

⑤重建后如何提高当地人民可持续发展能力？

二、区域自然条件与经济社会状况简介

东乡县位于甘肃省中部，境内交通以公路为主，交通较为方便。区内为典型黄土梁峁沟壑地形，地貌属切割破碎的黄土地貌。该地属温带半干旱气候，降水主要集中在夏季，并多以暴雨形式出现。该区天然植被类型为草原型植被群落，较少部分为森林草原地带。境内水资源贫乏，自产水尤为缺少。自然条件决定该县为自然灾害频发区。

2010 年末东乡县总人口为 28.4 万人，其中东乡族占 86.35%。县内三大产业分别占生产总值的 36%、29% 和 35%，以农业和服务业为主，工业较为薄弱。2010 年全县农民人均纯收入仅 1 814 元，人均 GDP 仅 2 795 元，属国列省扶重点贫困县。自然条件严酷、人口增长过快、经济发展滞后是造成该区贫困的主要原因。

县政府驻地锁南坝镇是全县政治、文化教育、经济中心。

三、"3·2"特大滑坡原因分析

特大滑坡主要由以下4方面的原因导致。

1. 陡峭地形容易引起滑坡

东乡县沟壑纵横交错，坡陡谷深，切割强烈，基本形成以锁南为中心，黄土覆盖的残梁及沟谷呈放射状向四周延伸的地势特征。撒尔塔广场边坡大部分是天然黄土体的土质边坡，斜坡坡度达35°~40°，部分地段接近50°，利于滑坡形成。

2. 岩土物质松散

东乡县处于祁吕贺山字形构造和陇西旋卷构造体系的复合部位，岩性为泥岩、砂岩及砾岩等，属易滑的泥岩地层，为滑坡的形成提供了物质条件。区内黄土分布面广，降雨易于入渗，土体抗剪强度随之不断降低，控滑结构面不断扩展，使坡面产生蠕滑拉裂变形，易形成大规模黄土—泥岩滑坡。

3. 水的作用

东乡县城年降水量达500~600 mm，降雨多以暴雨和连阴雨的形式出现，降雨及地下水的不断渗流软化泥岩，降低了坡体的稳定性。

4. 冻融作用破坏边坡稳定

滑坡发生前期气温升温较快，处于春季冻融阶段，坡体内地下水反复冻结融化，造成坡体结构破坏，坡脚土体软化，抗滑性能降低，是滑坡发生的另一重要原因。

这次滑坡发生处位于县城中心位置，环绕撒尔塔广场1.8 km范围内为建筑、人口相对密集区，加上县城特殊的地形，建筑多依山就坡分布，造成了重大经济损失。

总之，这次特大滑坡地质灾害由多种因素共同造成，不仅造成了巨大的直接经济损失，还严重扰乱了正常的社会经济秩序，严重威胁到人民生命财产安全。

四、区域自然灾害风险评价

东乡县存在比较严重的地质灾害、地震灾害和气象灾害。

1. 地质灾害

东乡县境内地质灾害主要有滑坡、泥石流、地裂缝和崩塌等四种类型。依据2003年甘肃省环境地质监测总站的地质灾害防治调查，全县共有地质灾害点和灾害隐患点共计121处，其中滑坡灾害及灾害隐患点共计74处，占地质灾害及隐患的61.2%；泥石流40处，占33.1%。滑坡和泥石流是东乡县最主要的地质灾害类型。县城所在地锁南镇属地质灾害多发区。

2. 地震灾害

东乡县位于全国和全省地震重点危险区边缘和地震重点监视防御区内，存在遭受强震袭击的较大可能性，由于当地主要以黄土丘陵地貌为主，且存在多处地质灾害隐患点，地震灾害的发生容易诱发滑坡、崩塌等其他次生地质灾害。因此，在经济建设过程中要考虑到地震灾害的危害，应在详细勘探的基础上确定地震灾害易发区，采取适当的避让措施。

3. 气象灾害

东乡县气象灾害主要有旱灾、雹灾、低温、霜冻、洪水和暴风灾害。据不完全统计，全县 1983 ~2010 年 28 年中有 16 年发生较严重的各类气候灾害，部分年份有多种地质灾害并发的现象。旱灾危害程度居各种自然灾害之首，时常导致作物无法下种、减产和绝收。县内雹灾虽不及旱灾频繁和普遍，但几乎每年都有出现，对局部地区的影响甚于旱灾。

五、重建区域资源环境承载能力评价

针对灾后重建资源环境承载能力，工作组通过综合评价得出以下主要结论：

1. 建议原址重建

在东乡县范围内分析对比地形条件，结合实地考察，选取老县城、河滩镇、达板镇与唐汪镇作为县城重建备选用地的重点评价区。综合考虑备选区的自然条件、政治、历史和社会经济因素，尤其是当地全国独有少数民族——东乡族的团结和稳定因素，最终选定在东乡县城原址进行重建。

2. 县城建设用地总面积与可承载人口规模

县城原规划建设用地面积为 1.49 km^2，灾后重建以原县城为基础，通过实施地质灾害综合治理，削山填沟净增建设用地 0.29 km^2，县城规划区总建设用地面积可达 1.78 km^2，以每人平均建设用地 75 m^2 计算，今后城区人口不宜超过 2.38 万人。按容纳县城现状常驻人口 2.2 万人、流动人口 0.5 万人，总计 2.7 万人计算，则人均建设用地面积为 65 m^2，宜居程度较差，但仍处于住房与城乡建设部颁布的《城市用地分类与规划建设用地标准》(GBJ137—90)中人均建设用地标准 60 ~75 m^2 的范围内。

3. 全县资源环境承载能力评价

依据全县耕地作物产量、草场载畜量现状和农牧民人均收入数据，通过静态测算可知，目前东乡全县农村范围耕地草场人口超载大约 3 万人；若不采取城镇化建设与工业化产业发展政策，提高城镇人口比例，将人口压力从脆弱的农业用地与生态恢复用地上转移出来，到 2020 年全县农村超载现象将更加严重。

4. 全县主体功能分区及产业发展建议

综合考虑土地状况与水热条件，将全县划分为城镇建设区、农业发展区与生态恢复区。城镇建设区主要包括县城锁南镇和河滩、唐汪、达板等乡镇，农业发展区主要分布在海拔与坡度较低区域，坡度 15°以上及高海拔区域为生态恢复区。依照功能区划，产业发展应逐步向城镇建设区等相对开阔地带转移，结合小城镇建设疏解县城人口压力，尤其注重发挥东部达板园区，西部河滩、东塬环库区域的区位和资源优势，着力打造新的经济板块和增长极，以区域经济的快速发展带动全县经济实现跨越。农业发展区根据耕地及水热条件，大力发展设施农业与高效农业。生态恢复区应实施退耕还林等生态建设，部分区域可发展果林经济。

六、灾后重建政策建议

①应首先进行滑坡等地质灾害综合治理，并同步建立完善的防灾减灾体系。

②应着重开展城乡居民住房建设、基础设施和公共服务设施等建设，确保人民群众的日常生产生活稳定。

③东乡县城应严格控制人口集聚规模和产业发展方向，走人地和谐、资源环境与人口

经济协调发展的可持续发展之路,将县城建设成为政治、文化中心。

④全县应把生态治理、生态恢复、生态保护优先作为恢复重建的准则,走生态保护和生态产业相结合的发展道路。

七、防灾减灾体系建设

由于特殊的地理位置和地质情况,今后一段时期,东乡县境内发生地质灾害的可能性依然较大,防灾减灾体系建设应与县城重建同步进行。

建议对危害县城、乡镇、重要居民点及威胁厂矿、公路等重要基础设施的地质灾害点进行勘查,明确地质灾害点的分布及危害性。在此基础上构建"以人为本、群测群防、合理避让、重点治理、保障安全"的防灾、减灾体系,全面提高防灾、减灾能力,切实保障人民生命财产安全,促进少数民族地区经济社会长期可持续发展。

地质灾害工程治理投资大,应以人口密集区为重点,人口稀少的隐患点可采取避让、监控措施。目前,应主要针对本次"3·2"特大地质灾害发生地——锁南坝镇的地质灾害隐患进行工程治理。其他地质灾害隐患点在加强监控的基础上,根据轻重缓急,分批采取工程措施和生物措施予以治理。同时,通过防灾减灾基础设施建设和应急救援指挥能力建设完善救灾体系,提高救灾能力,在灾害发生时尽量将损失降至最低。

八、可持续发展体系建设

东乡县工业基础薄弱,各种自然条件决定该区域不宜发展大规模工业,要使当地居民在重建后有可持续发展的能力,关键是转变土地利用方式和重新规划其功能布局。

①县城　建议定位为全县的政治和文化中心,严格控制人口集聚规模和产业的发展方向。考虑人口的自然增长,需要提前做好部分产业和部门(建筑业、建材业、地方特色的加工业等产业、学校等部门)转移的规划。重建区首先需要做好防灾减灾体系的建设,做好人饮工程、给排水工程建设。

②生态恢复区　坡度25°以上的耕地有15.68万亩,应全部退出。坡度15°~25°的耕地44.44万亩,除保留梯田外,其余应尽量退出,发展果林经济和种植多年生牧草。以天然气、沼气、太阳能等替代薪柴,对这些替代能源的使用给予足够的价格补贴;提高生态补偿标准,使从事生态建设的从业人员的实际收入尽快接近全国农民的平均收入水平;延长退耕还林的补贴年限,考虑到东乡县(陇中黄土丘陵限制开发区)生态恢复的难度,建议一开始就确定16年的退耕还林规划。

③农业发展区　有耕地17.96万亩。这部分耕地水热条件良好,应以发展高效农业和设施农业为主。畜牧业发展将规模养殖与散户养殖结合起来,以羊产业为重点,加快发展肉奶牛、家禽等产业,在环库地区发展优质水产品养殖。统筹大农业的结构调整,积极推广全膜覆盖等高效旱作农业技术,拓展东乡洋芋等特色产品的运销、加工的产业链条。推动大接杏等特优农产品的开发。在严格保护的基础上,合理开发利用民族性、生态性的旅游资源。建议加大投资力度,提高技术进步率,同时增加农牧民培训,加强向工业的劳动力转移,增加劳务输出。

④产业园区　发展应将吸收农牧业的剩余劳动力作为一重要目标,同时加强城镇化

的建设,提高当地居民收入水平。其中,东部的达板园区、唐汪园区发展物贸流通、工业经济、能源开发,建设面向兰州的鲜羊肉配送基地和区域物流商贸集散地;西部的河滩、东塬园区,可发展高效农业、旅游产业、水产养殖,加强道路、水利、生态、市场、公共服务基础建设。努力将它打造成连接临夏区域经济中心和沿黄经济带的枢纽。

目　录

目 录

第一章　绪　论

2011 年 3 月 2 日 18 时 55 分，甘肃省东乡族自治县县城锁南镇撒尔塔文体广场发生滑坡，滑动方量约 18 万 m^3，大量松散土体堆积于体育场内，造成县城 2 606 户居民断水断电，117 户居民住房、732 家商铺及 95 家机关事业单位办公楼成为危房，紧急组织疏散 1180 人。据统计，本次灾害共造成直接经济损失约 46 937.39 万元（尚有 39 万 m^2 未鉴定，初步估计还有 10 多亿元潜在损失）。由于监测预警工作到位，所幸未造成人员伤亡。

东乡族自治县位于甘肃省中部，临夏回族自治州东面，境内山峦起伏，沟壑纵横，绵延叠嶂。区内构造条件较为简单，断裂和褶皱构造均不发育，仅在洮河以西达板—车家湾一带分布一条北西向的与洮河近于平行的逆断层，长约 16 km，展布于加里东期花岗岩与中新生代地层之间。地貌属切割破碎的黄土地貌，山坡陡峭，切割较深，山体坡度一般在 30° ~70°之间，山坡深度大于宽度。全县主要有黄土斜梁状丘陵、黄土梁峁丘陵、河谷阶地和川塬台地 4 种地貌。该地属温带半干旱气候，年降水量主要集中在 6 ~9 月，占全年降水量的 70.4%，多以暴雨和连阴雨的形式出现。自然条件决定该地区为自然灾害频发区。除滑坡、泥石流等地质灾害外，旱涝、暴雨、冰雹、冰冻灾害等也极为频繁。

历史上东乡族自治县也曾是森林茂密、林草繁茂的地区。后来因为天灾兵祸及人类的不断垦伐，县境内植被遭到严重破坏，原始林草地被破坏殆尽。再加上县内人口数量的不断增多，人类活动范围逐渐扩大。破坏植被、开挖坡脚取土建房、修建道路、炸山采石、城市建设、兴修水利等均对自然地理环境产生不利影响，生态环境不断恶化。

2010 年末，全县总人口 28.4 万人，人口密度 188 人/ km^2。县内山地旱地多，川地水地少；可平地少；耕地面积多，高产地少。年末粮食总产量为 69 828.51 t，农民人均占有量仅为 255.38 kg。全县全年生产总值 79 364 万元，人均生产总值 2 795 元，农民人均纯收入仅为 1 814 元。与全国水平比较相差甚远，属国列省扶重点扶贫县。

滑坡灾情引起了国务院、国土资源部、甘肃省委省政府和临夏州委州政府的高度重视。2011 年 3 月 17 日李克强副总理批示："国土资源部要予地方以必要支持，帮助排除地灾险情，确保群众生命安全。"目前，国土资源部、甘肃省政府正在全力落实李克强副总理的批示精神，成立了东乡县特大滑坡地质灾害抢险救灾和灾后重建指导协调小组，积极安排部署应急处置和综合治理工作。

本工作组为"资源环境承载能力评价组"，主要任务是对本次灾害的成因、区域地质灾害危险性、工程地质和水文地质状况、生态环境状况及容量等方面做出综合评价，提出适宜人口居住和城乡居民点建设的范围，评价地域为东乡县。资源环境承载能力评价不仅要解决"在何处重建，如何重建及重建规模可多大"等现实的紧迫问题，为重建规划编制和开展重建工作提供依据，还要在原则性层面上回答"怎样建立一套防灾减灾体系，重建后如何提高当地人民可持续发展能力"等一系列影响长远发展的重大问题。

工作组成立以后，相关专家对现场做了多次考察，与州、县地方政府开了座谈会，结合国土部门、水利部门、林业部门等长期积累的大量资料，并通过反复征求有关部门和地方政府的意见，完成了本评价工作。

第二章　区域自然环境与经济社会

第一节　地理环境与地质条件

一、地理位置与交通状况

东乡族自治县位于甘肃省中部，临夏回族自治州东面，境内山峦起伏，沟壑纵横，绵延叠嶂。地理坐标为东经103°01′～103°44′，北纬35°30′～35°56′。东西长51 km，南北宽47 km，总面积1 510 km^2，其中水域面积48 km^2。最高海拔2 664 m，最低海拔1 736 m，平均海拔2 610 m。东隔洮河，与定西地区临洮县毗邻；南与广河、和政两县相接壤；西临大夏河，与临夏市、临夏县为界；北傍黄河，与永靖县隔水相望（见图2.1）。县城锁南镇距省会兰州市104 km，距临夏市27 km。

境内交通以公路为主，受特殊的自然地理及地质地貌条件的限制，县区公路主要依山梁分布，部分建于河谷川区。截至2004年底，自治县境内公路达117条1 051.73 km。其中，国道213线70.5 km，县道6条160.6 km，乡道7条72.73 km，村道103条747.9 km，铺油公路达173.47 km。全县25个乡镇全部通有公路，而且大部分村与村之间实现了通车通路，公路通车里程达756.7 km。主要公路有兰（兰州）—临（临夏）公路、刘（刘家峡）—唐（唐汪）公路、锁（锁南）—达（达坂）公路、锁（锁南）—三（三甲集）公路等，交通较为方便（见图2.2）。

二、地质条件

该区域地处祁吕贺山字形构造和陇西旋卷构造体系的复合部位，属祁吕贺山字形构造体系前缘西翼东南端的临夏—临洮凹断束的一部分，它夹于马衔山—太子山之间的广大红层与黄土丘陵地区，实质上是一个以前震旦系变质岩和加里东旋回中期的侵入岩为基底的新生代盆地，盆地中心位于区域南部那勒寺一带，除盆地东及东北边缘有少量白垩系河口群分布外，盆地内主要为第三系上新统临夏组与第四系黄土。

区内构造条件较为简单，断裂和褶皱构造均不发育，仅在洮河以西达板—车家湾一带分布一条北西向的与洮河近于平行的逆断层，长约16 km，展布于加里东期花岗岩与中新生代地层之间。该断层受隐伏的横向断层影响而分为南北两端，断层面倾向北东，倾角在50°～60°之间，但在北段其断层面呈坡状，倾向北西，具有正断层的性质。

区内新构造运动明显，主要以垂直升降运动为主，形成典型的黄土梁峁沟壑地形。区内各河谷形成多级阶地，阶地多呈基座式，且在各河谷两岸分布呈不对称性，表现为震荡性及差异性抬升。新构造运动的活动为本区滑坡、泥石流的形成奠定了基础。

根据甘肃省地震区、带划分，东乡县处于南北地震带之兰州—通渭地震亚带上，其地

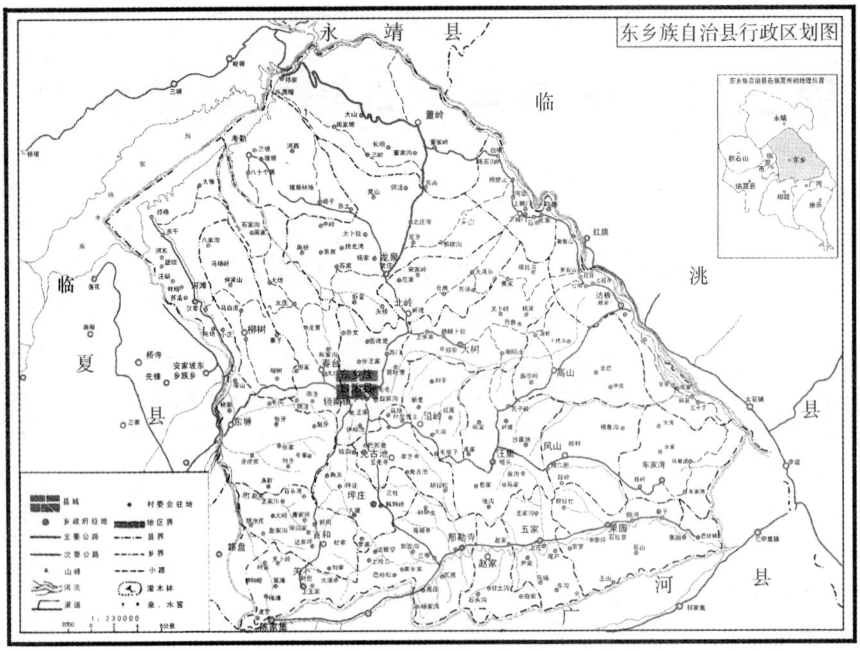

图 2.1　东乡族自治县行政区划图

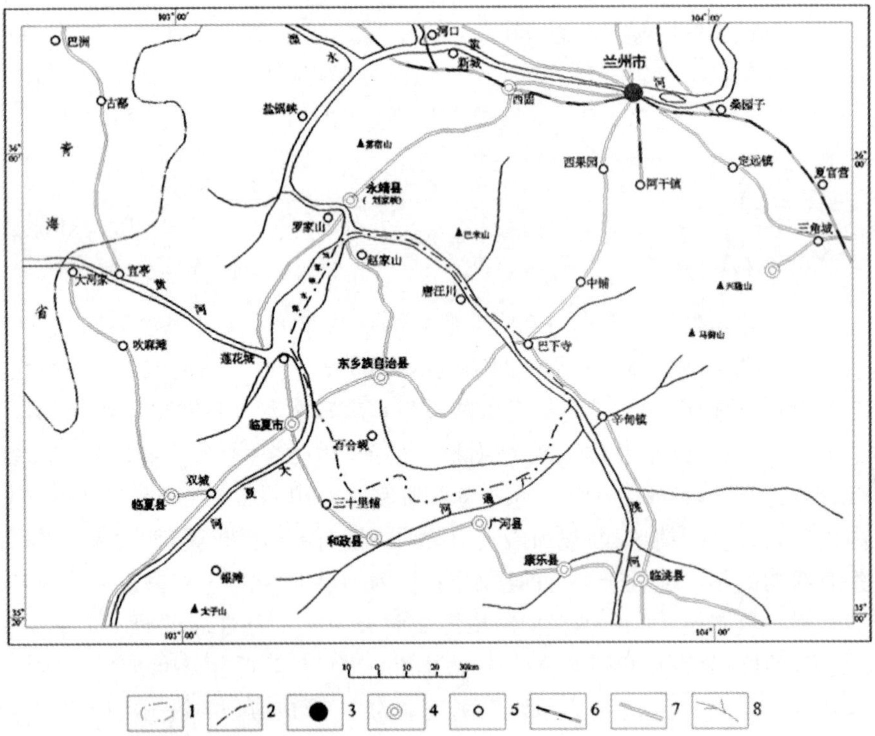

1. 工作范围区;2. 省界;3. 省会;4. 县城;5. 村镇;6. 铁路;7. 公路;8. 水系

图 2.2　东乡族自治县主要公路交通线路分布图

震烈度为Ⅶ～Ⅷ度区。距史料记载，自汉和帝五年到1970年，东乡县境内发生地震或波及东乡县造成灾害的地震有10余次。地震直接松动、破坏岩体构造和斜坡稳定性，直接诱发区内滑坡的形成，是本区滑坡、崩塌等地质灾害形成的主要因素之一。

三、地貌特征

东乡县地处青藏高原和黄土高原的交汇地带，地貌属切割破碎的黄土地貌，山坡陡峭，切割较深，山体坡度一般在30°～70°之间，山坡深度大于宽度。宽度一般在30～50 m之间；深度在30～70 m之间，呈"V"字形。全区主要有黄土斜梁状丘陵、黄土梁峁丘陵、河谷阶地和川塬台地4种地貌。其中以黄土山地、沟壑为主，占全县总面积的94%；其次为河谷川地，占全县总面积的6%。黄土梁峁丘陵以新第三系为基地，主要分布在接近黄河、洮河一带的山地，由于接近河谷，侵蚀强烈，梁顶完整性差。山脉无明显走向，大多以锁南坝为中心在境内呈伞状分布。有较大的山梁175条，大小山沟3 083条，总长约5 220 km。沟壑密度为298条/km^2，主要有6大山梁夹着6条山沟。地形破碎，暴雨频繁，加之黄土—泥岩特殊的岩体结构，使县区地质灾害极为发育，是甘肃省滑坡、泥石流严重发育区之一。

四、气候与水文状况

东乡县属温带半干旱气候，但由于地处黄土高原和青藏高原衔接地带，深居内陆，远离海洋，因此冬季风盛行，气候寒冷干燥，具有高原气候特色，副热带气候不明显。总的气候特征是：四季不分明，冬长夏短，春秋相连；冬无严寒，夏无酷暑；无霜期短，日照丰富；降水稀少，分布不均。

据东乡县气象站资料，自治县降水强度不大，年降水量200～600 mm，多年平均降水量544.6 mm，降水量由南向北逐渐减少（见图2.3）。董岭、唐汪一带在300 mm以下，中部龙泉—风山一线在300～450 mm之间，包括锁南镇在内的中南部地区年降水量达500～600mm，百和乡一带最大，年降水量达600 mm，而车家湾乡附近最小，仅为216.0 mm。年内降水主要集中于6～9月，占全年降水总量的70.4%（见图2.4）。降雨多以暴雨和连阴雨的形式出现，年均暴雨天数达2.9天，最长连续降雨为15天。山区年均温度为4.9 ℃，川区年均温度为8 ℃。境内气温随海拔升高而降低。多年平均蒸发量为1421.2 mm，是年均降水量的2.6倍。区内光照充足，年日照时数在2 500小时以上，年总辐射量为139.9 kcal/cm^2。无霜期138天，最大冻土深度0.94 m，最大积雪厚0.19 m。由于自治县海拔高差大，地形复杂，气候差异明显，山地气候显著。春季多东南风，秋冬季多北风或东北风。

本区河流属黄河水系，濒临刘家峡水库，周边有黄河、洮河、大夏河流过。境内地表水资源匮乏且分布极为不均，唯一的河流巴谢河为季节河。水域面积48 km^2。全县过境水总量为289.6亿m^3，但由于地势高水面低，全县水资源的开发利用有限，过境水利用量仅为3 200万m^3。产自地表水总量6407.8万m^3，自产地下水总量601万m^3，自产水和地下水总量为7 008.8万m^3，仅为全县总水量的0.2%，人均246.79 m^3。境内水资源贫乏，自

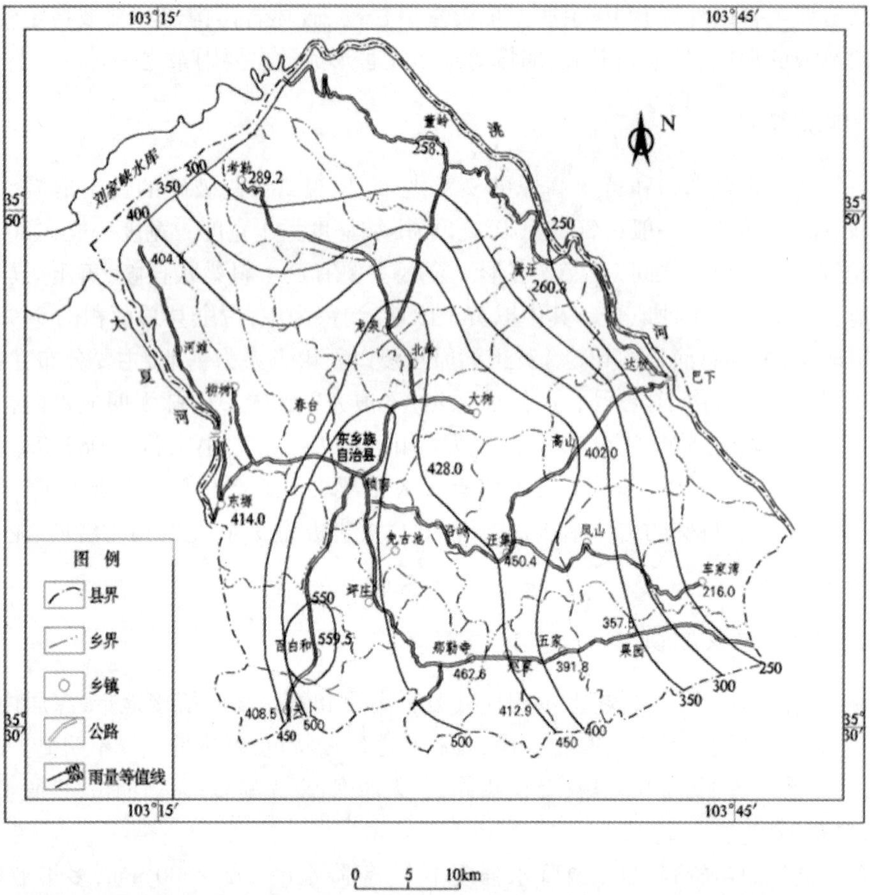

图 2.3　东乡族自治县年降水量分布图

产水尤为缺少。洮河红旗站、大夏河冯家台站水文站有关统计资料显示：洮河红旗站（1954～1980）：多年平均径流量 51.83 亿 m^3，多年平均流量 163.8 m^3/s，最大年流量 302.0 m^3/s，最小年流量 98.6 m^3/s，年平均输沙量 2 862 万 t，最小输沙量 557 万 t，最大输沙量 6 590 万 t。大夏河冯家台站水文站（1956～1979）：多年平均径流量11.14 亿 m^3，多年平均流量 34.9 m^3/s，最大年流量 77.3 m^3/s，最小年流量 17.5 m^3/s，年平均输沙量 421 万 t，最小输沙量 71.6 万 t，最大输沙量 1 390 万 t。巴谢河又称那勒寺河，是县境内唯一的季节性河流，发源于县城南，全长 44 km，流域面积 388 km^2，属洮河二级支流，在广河县三甲湾以下汇入广通河。巴谢河径流由大气降水和泉水补给，河水暴涨暴落，丰枯季流量变化大。据县气象站和三甲集水文站的观测及分析计算资料，巴谢河年径流量 2 980.1 万 m^3，平均流量 0.94 m^3/s，最大值 8 月份流量为 3.5 m^3/s，最大洪峰量约400 m^3/s。

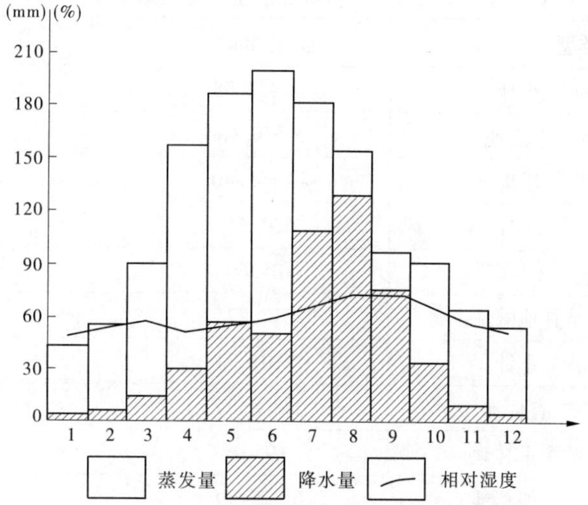

图 2.4　东乡县多年月平均气象要素图

第二节　生态特征

一、生态现状

1. 生态系统类型

东乡县天然植被类型为草原型植被群落，较少部分为森林草原地带。全区生态系统主要包括耕地、草地、林地、灌丛、水域、裸地等类型，水域分布在区域周围。自然资源相对缺乏，主要资源有：石英石、石膏等矿产资源；桃、李、花椒、红枣等生物资源；以山绵羊为主的畜牧业资源；旅游资源，如刘家峡库区及建设中的东大坡森林公园。全区土壤类型较少，差异性较大，部分交错分布，形成黑壤土、栗钙土、黄绵土、红黏土 4 个土类，14 个土种，按土壤成因主要分为黄土母质、冲击母质和风化物母质。由东乡县国土局提供的全县国土利用类型数据见表 2.1。

2. 生态系统的特点

总的来说，东乡县内自然资源相对缺乏。天然植被类型以草原型植被群落为主，也有少部分森林草原地带。境内水资源贫乏，自产水尤为缺少。境内除河谷川区及两侧较大冲沟内台地土壤质地适中，潜在肥力高，水肥条件好，属高产、较高产的耕地外，其他地段土壤肥力差，有机质含量低，多不保墒，且大部分处于陡坡地段，质地松散，固结能力差，抗侵蚀能力弱，易被水流冲刷流失。而且，县内地形破碎，暴雨频繁，加之黄土—泥岩特殊的岩体结构，使县区地质灾害极为发育，这些都决定了区域生态系统是一个脆弱的系统。其脆弱性首先表现在洪涝、泥石流、滑坡、崩塌、冰冻等自然灾害频发，其次还表现在对环境变化和人类干扰具有高度的敏感性。如 2011 年 3 月 2 日这次滑坡灾害造成县城近 2/3 的建成区出现裂缝和塌陷，导致绝大部分建筑物成为危房而无法使用，道路、供排水和供热管网大面积毁坏。

表2.1　东乡县二级土地分类表

土地类型		面积(hm²)	占总面积百分比(%)
耕地	小计	52 432.08	34.72
	水浇地	5 276.68	3.50
	旱地	47 155.40	31.23
园地	小计	620.41	0.41
	果园	105.69	0.07
	其他园地	514.72	0.34
林地	小计	7 101.94	4.70
	有林地	1 708.94	1.13
	灌木林地	19.01	0.01
	其他林地	5 373.99	3.56
草地	小计	65 258.83	43.22
	天然牧草地	173.22	0.11
	人工牧草地	644.72	0.43
	其他草地	64 440.89	42.68
城镇村及工矿用地	小计	5 154.20	3.41
	建制镇	428.47	0.28
	村庄	4 400.99	2.92
	采矿用地	111.29	0.07
	风景名胜及特殊用地	213.45	0.14
交通运输用地	小计	1 726.03	1.14
	公路用地	291.24	0.19
	农村道路	1 434.79	0.95
水域及水利设施用地	小计	5 164.42	3.42
	河流水面	390.50	0.26
	水库水面	4 132.09	2.74
	坑塘水面	71.53	0.05
	内陆滩涂	352.29	0.23
	沟渠	216.03	0.14
	水工建筑用地	1.98	0.001
其他土地	小计	13 279.03	8.79
	设施农用地	45.79	0.03
	田坎	7 740.80	5.12
	裸地	5 492.44	3.64

资料来源：东乡县国土局《东乡县二级土地分类表》。

二、生态占用评价

1. 林木破坏严重，耕地质量差

东乡县自然条件恶劣，气候干旱，植被稀少，山高坡陡，沟壑纵横，地形破碎。山地旱地多，川地水地少；可平地少；耕地面积多，高产地少。全县以农业生产为主，产业结构单一，恶劣的自然条件限制了农业生产的发展，有限的可利用的土地资源难以承受急剧增长的人口需求。人口激增对土地需求量不断增加，不得不大量砍伐树木，开垦坡耕地。森林植被被严重破坏使其失去了美化环境、涵养水源、固结表土、稳定坡体、削减洪峰流量的作用。新开坡耕地大部为陡坡地，土壤肥力低，水力侵蚀严重，广种薄收，造成恶性循环，使水土流失面积和强度不断增加，也加剧了地质灾害的发生、发展。

2. 人类工程活动过度

受地形条件限制，加至人口不断增加，区内人类工程活动频繁。开挖坡体、筑路修房易形成高陡的不稳定边坡，造成崩塌、滑坡，直接引发地质灾害。大规模采石造成岩坡松动，大量弃体在沟内及沟坡堆积，为沟谷泥石流的形成提供了丰富的松散物质。此外，兴修水利、引水灌溉也会造成部分地段形成规模较大的地裂缝，水库沿岸部分坡体坍、滑塌不断发生。

3. 人均耕地少，县城人口密度大

据资料记载，解放前东乡县有人口不足 9 万人，近 50 年县区人口翻了三番，达到目前的 28.4 万人，人口密度 188 人/km^2。县内居民以务农为主，农业人口共 27.34 万人，占总人口的 96.28%。2010 年耕地面积 36.78 万亩，人均耕地面积不足 1.3 亩。县政府驻地位于县境内中部锁南镇，它是全县政治、经济、文化教育中心，城区面积 1.49 km^2。依据建设厅引用的东乡县公安局锁南镇所有户籍人口核算，现有人口 2.702 8 万人，其中流动人口 4 990 人，人口密度高达 18139 人/km^2。

三、百年来生态系统的演化

据史料记载，历史上东乡县也曾是森林茂密、林草繁茂的地区。后来因为天灾兵祸及人类的不断垦伐，县境内植被遭到严重破坏，原始林草地被破坏殆尽。到 1950 年，东乡县有林地仅 200 亩，且树种资源贫乏，主要有杨、柳、榆树等 12 种。解放后经过群众性的植树造林和绿化美化活动，以乔灌木种植相结合，在荒山荒地及庄前屋前屋后育林育草，形成现在的块状、鸡窝状植被分布形态。据东乡县土地资源调查统计，截至 1999 年底，全县成活保存的林地仅 15.78 万亩，林地覆盖率 7.4%，加之灌丛、草地面积，全县植被覆盖率仅 10%。自 1999 年到 2010 年，全县开展天保、三北四期、退耕还林（见表 2.2）等三大林业生态工程。县内先后引进了油松、新疆杨、刺槐、文冠果、早酥梨、巴梨等树种，树种资源增多。截至 2010 年底，全县有国营林场 2 个，苗圃 3 个，集体林场 118 个，个体林场 13 个。全县共有林业用地面积 77.2 万亩，占总土地面积的 34.08%，其中有林地面积 27 万亩，疏林地 0.4 万亩，灌木林地 3.1 万亩，未成林地 8.9 万亩，宜林地 37.7 万亩，森林覆盖率达到 7.8%，造林绿化工程成效显著。目前，生态建设是“十二五”规划的重要经济建设项目之一，生态环保目标为全县森林覆盖率达到 13%，农村山区的植被覆盖率达到 20%。

城市建成区绿化覆盖率达到30%左右，城市人均拥有公共绿地面积10 m^2。

表2.2 东乡县退耕还林实施情况汇总表 （单位：万亩）

项目	1999	2000	2001	2002	2003	2004	2005	2006	2007	2008	2009	2010	合计
退耕还林	0.22	1.60	0.20	0.50	2.00	1.00	0.50	0.20					6.22
荒山造林		0.70	0.50	0.50	2.50	3.00	1.50	1.00	2.00	0.60	0.60	0.80	13.70
封山育林							2.00			0.40		0.10	2.50
总计	0.22	2.30	0.70	1.00	4.50	4.00	4.00	1.20	2.00	1.00	0.60	0.90	22.42

四、目前生态脆弱性形成的原因

1. 自然因素

东乡族自治县境内为典型的黄土梁峁沟壑地形，区内各河谷形成多级阶地，阶地多呈基座式，且在各河谷两岸分布呈不对称性。区内降水主要集中在6～9月，降雨多以暴雨和连阴雨的形式出现。境内除河谷川区及两侧较大冲沟内台地土壤质地适中外，其他地段土壤肥力差，且大部分处于陡坡地段，质地松散，固结能力差，抗侵蚀能力弱，易被水流冲刷流失。综上所述，该区域内地形破碎，暴雨频繁，加之黄土—泥岩特殊的岩体结构，使县区地质灾害极为发育，是滑坡、泥石流严重发育区之一。这些自然因素是该地区生态脆弱性形成的主要原因之一。

2. 人文因素

县城内居民众多，随着人类社会的不断发展，人类活动范围逐渐扩大，活动强度不断加剧，对自然地理环境的影响程度不断加大。高度垦植，森林植被被严重破坏使其失去了美化环境、涵养水源、固结表土、稳定坡体、削减洪峰流量的作用。人类工程经济活动，如开挖坡脚取土建房、修建道路、炸山采石、城市建设、兴修水利等，均加大了流域内固体松散物质量，扩大了水土流失面积，对地质环境造成破坏，是生态脆弱性形成的另一原因。

第三节 社会经济状况

一、居民及产业状况

东乡县是全国唯一的以东乡族为主体的少数民族自治县，也是国列省扶重点贫困县。共管辖25个乡镇，229个行政村，1893个合作社。全县总面积1 510 km^2。2010年底，全县总人口28.4万人，人口密度188人/km^2。在总人口中，东乡族占86.35%，汉族占10.52%，回族占3.07%，其他民族占0.06%。全县农业人口为27.34万人，占总人口的96.28%。县城现有城区人口约2.7028万人，其中流动人口4 990人，城区面积1.49 km^2。居民大部分分布在坡度大于25°的山区（见图2.5、图2.6）。

东乡县是一个以种植业为主的农业县，农作物以洋芋、小麦、玉米为主。全县总耕地

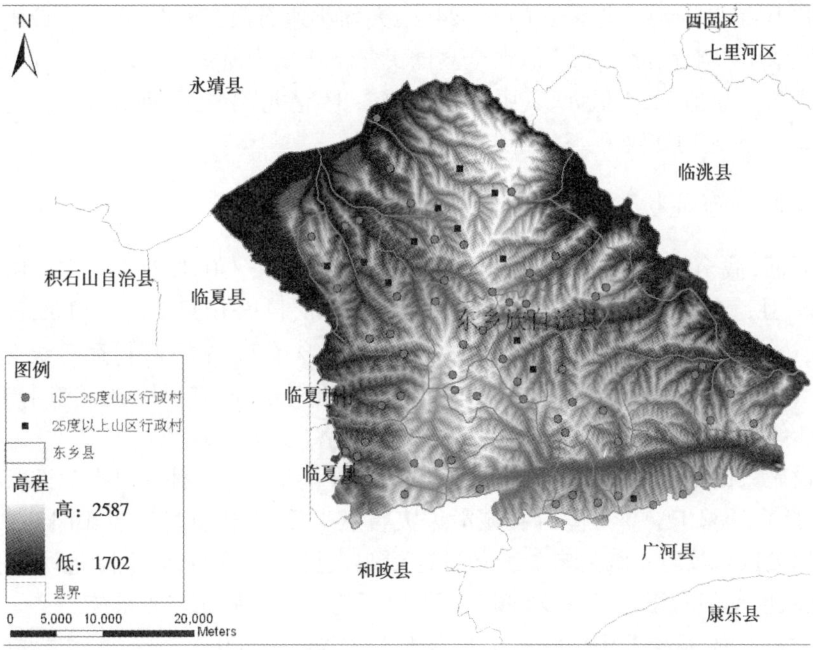

图 2.5　东乡县不同坡度行政村分布

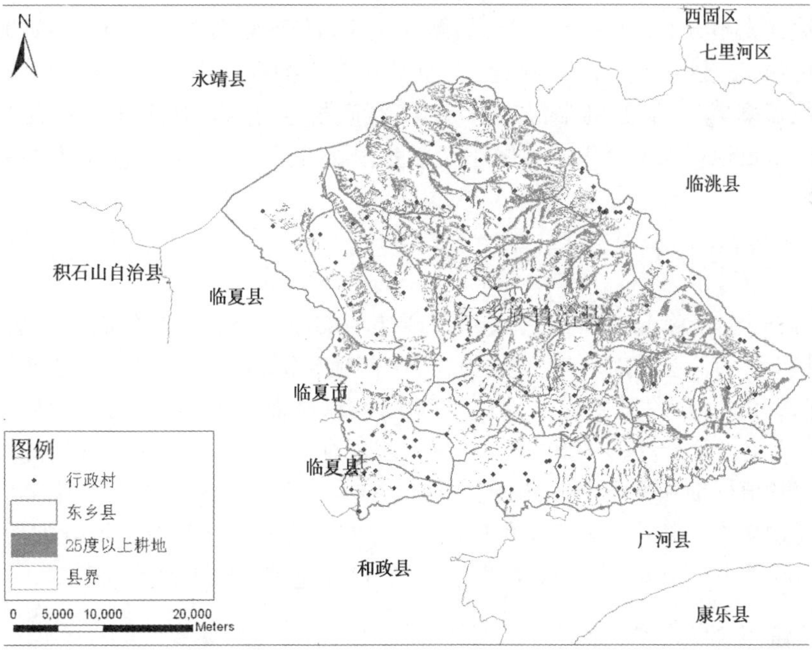

图 2.6　25°以上坡地居民点分布

面积36.78万亩,占全县土地面积的16.24%,人均耕地面积1.3亩,东乡县境内资源相对缺乏,工业基础薄弱,因此工业产值在全县国民经济产值中所占比重较少。到2010年底,东乡县实现生产总值7.94亿元,其中第一产业2.83亿元,第二产业2.30亿元,第三产业2.81亿元。农民人均纯收入1814元。

二、基础设施现状

交通方面,截至2004年底,自治县境内公路达117条1 051.73 km。其中,国道213线70.5 km,县道6条160.603 km,乡道7条72.73 km,村道103条747.9 km,铺油公路达173.47km。全县25个乡镇229个行政村中有16个乡镇56个行政村通等级公路,16个乡镇71个行政村通油路,25个乡镇214个行政村通汽车,形成了以县城锁南镇为中心,以国道213线、锁达、白三、锁蒿路为主干的公路网络。

供电设施方面,截至2010年底全县通电的村子有229个,通电户数为52 383户,比2009年增加了1652户。3月2日县城滑坡灾害发生后,主供县城一条10 kV线路受损,造成县城部分区域停电。临夏电力公司迅速组织人员进行抢修,除危险地段疏散转移住户外,县上政府部门和用户已恢复供电,并架设了抢险现场强光照明系统。

供水设施方面,截至2010年底,全县自来水受益村为209个,自来水受益户为39 285户,自来水受益人口222 749人。目前实施开展的兴修南阳渠水利灌溉工程,是解决东乡县、和政县及临夏县共22个乡的农田灌溉和干旱山区人畜饮用水问题,为当地农、林、牧、副业和乡镇企业的发展提供水源的"生命线工程"。

邮电通信设施方面,目前光纤通信线路与无线通信网络覆盖全县,城镇有线电视实现光纤网络传输,广播电视实现"村村通"。全县每百人拥有固定电话和移动电话9.5部,移动网络覆盖率92%,联通网络覆盖率78%,行政村通电话率达到77.3%,邮电业务收入和业务总量迅速增长。全年报刊累计发行量、固定电话用户、移动电话用户等均有较大幅度的增加。

三、人口超载状况

2010年末,全县总人口28.4万人,人口密度188人/km^2。耕地面积36.78万亩,人均耕地不足1.3亩。县政府驻地位于县境内中部锁南镇,它是全县政治、经济、文化教育中心,现有2.7028万人,其中流动人口4 990人,城区面积1.49 km^2,人口密度高达18 139人/km^2。粮食总产量69 828.51 t,农民人均占有量255.38 kg。根据联合国粮农组织的人均营养热值标准和我国国情,确定人均粮食占有量300 kg为温饱标准,400 kg为小康标准。通过初步计算并暂不考虑贸易情况下,土地承载力分别为温饱型23.28万人和小康型17.46万人。由此可见,东乡县人口总数已经超出土地承载力范围。

四、经济基础与发展水平

东乡县是国列省扶重点扶贫县,2010年全县农民人均纯收入仅为1 814元。全县全年生产总值79 364万元,人均生产总值仅为2 795元,与全国水平比较相差甚远,其他主要经济发展指标也均排在全省倒数。

全县经济发展水平比较落后，产业结构以农业生产为主，工业及其他产业比较薄弱，一、二、三产业的比例为36∶29∶35。其中，农作物以洋芋、小麦、玉米为主。县内主要产粮区集中于洮河、大夏河、巴谢河川区及部分黄土塬面，而占耕地面积达80%以上的山旱地产量很低，仅为70～150 kg/亩。2010年粮食亩产量为189.83 kg，人均粮食占有量为255.38 kg。东乡县的主要矿产资源有石英石、石膏等，其开采、开发程度较低，工业企业主要有电力、烤箱、碳化硅、食品加工业等。2010年全县工业产值为28 021.2万元，占工农业总产值的34.97%。"十一五"期间，全县经济结构调整也带动了第三产业的不断发展。近年来，商贸流通比较活跃，以"东乡手抓"为龙头的饮食服务业不断扩展，集贸市场不断扩建，规模不断壮大，成为商贸流通的主渠道，县区非公有制经济发展较快。

五、贫困的原因分析

截至2005年底，东乡族自治县仍有贫困低收入人口12.88万人，占全县农村人口的49.3%。贫困问题一直是对社会的潜在威胁，贫困现象给当地社会增加了许多不稳定因素，成为当前构建和谐社会的主要障碍之一。造成贫困的原因主要是自然条件严酷，人口增长过快、经济发展滞后等。

1. 自然条件严酷

东乡县山高沟深，沟壑纵横，干旱少雨，耕植条件差，山旱地多而水浇地少，土壤肥力低，植被稀疏，自然资源缺乏；而且，县内自然灾害频繁，旱灾为首，雹、水、病、虫及地质性灾害并发。在1983～2010年的28年间，东乡县发生各类自然灾害21次，其中较大的自然灾害有12次。恶劣的自然条件严重制约着工农业生产及各项事业发展，全县经济发展缓慢，人民生活十分困难。

2. 人口增长过快

东乡县总人口数由1950年的9.7万人增加至2010年的28.4万人，人口密度高达188人/km^2。随着东乡县人口的快速增长，人均资源占有量显著下降。人类活动范围逐渐扩大，活动强度不断加剧，对自然地理环境的影响程度不断加大。水土流失等生态环境恶化也是制约经济发展的主要因素。

3. 经济发展滞后

经济发展落后，产业层次低、规模小、基础条件薄弱、机制不够健全、人才不足等原因均使东乡县经济的发展面临困境。

第三章　东乡县特大滑坡灾害及损失原因分析

第一节　特大滑坡灾害造成的巨大损失

2011 年 3 月 2 日 18 时 55 分，甘肃省东乡族自治县县城锁南镇撒尔塔文化广场西北角发生大面积滑坡（以下简称“3·2”滑坡或“撒尔塔文体广场北部滑坡”）（见图 3.1 ~ 图 3.5），滑动方量约 18 万 m^3，县城出现大面积地面塌陷和不稳定斜坡，大量松散土体堆积于体育场内，虽然没有造成人员伤亡，但是给当地人民群众生命财产安全造成重大威胁，严重扰乱了正常的社会经济秩序。

图 3.1　东乡县县城撒尔塔文体广场特大滑坡

一、基础设施、公共服务设施损失严重

这次特大滑坡对县城道路、商铺、通信、给排水、电力设施造成毁坏，县委、县政府办公大楼出现不同程度的破坏而无法继续使用。县城 2 606 户居民断水断电，117 户居民住房、732 家商铺及 95 家机关事业单位办公楼成为危房，紧急组织疏散 1180 人（见图 3.6）。

二、经济损失巨大

据统计，滑坡灾害区、危险区共造成直接经济损失约 46 937.39 万元（尚有 39 万 m^2 未鉴定，初步估价还有 10 多亿元潜在损失）。

图 3.2　损毁的广场

图 3.3　损毁的商铺

图 3.4　开裂的县政府大院地面

图 3.5　损毁的民房

根据国务院《地质灾害防治条例》地质灾害灾情与险情分级标准:“因灾死亡 30 人以上或者直接经济损失 1 000 万元以上的灾情,受灾害威胁,须搬迁转移人数在 1 000 人以上,或潜在经济损失 1 亿元以上的险情,可定为特大型地质灾害”,东乡县城滑坡为特大型地质灾害。

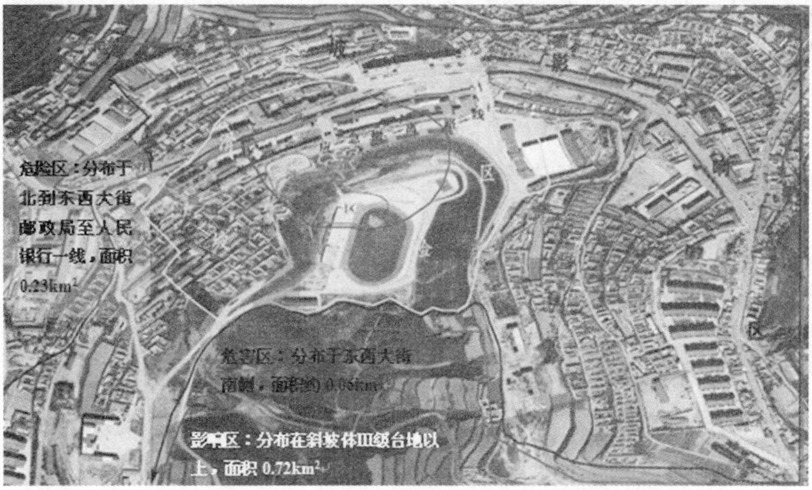

图 3.6　东乡县县城特大滑坡地质灾害遥感影像图

第二节　滑坡成因

一、陡峭地形容易滑坡

东乡族自治县地处陇中黄土高原西南的临夏盆地内，属深切割的黄土丘陵沟壑区。其地势较为特殊，县区中部锁南镇—董岭一线地势较高，而周边地势较低，至河谷地带高程一般在1735～1900m，锁南镇附近最高海拔2468m。区内沟壑纵横交错，坡陡谷深，切割强烈，基本形成以锁南镇为中心，黄土覆盖的残梁及沟谷呈放射状向四周延伸的地势特征。

撒尔塔广场边坡部分是人工改造，主要是天然黄土体的土质边坡，斜坡坡度达35°～40°，部分地段接近50°，坡体地形总体较自然坡度陡，具有滑坡形成的临空面条件。

二、岩土物质松散和水的作用

东乡县处于祁吕贺山字形构造和陇西旋卷构造体系的复合部位，属祁吕贺山字形构造体系前缘西翼东南端的临夏—临洮凹断束的一部分，所处的临夏盆地是一个以前震旦系变质岩及古生代侵入岩为基底的新生代盆地，盆地内广泛出露新第三系上新统临夏组与第四系黄土，总体形成黄土—泥岩、砂岩的区域性岩土体结构类型（见图3.7）。区内的上新统临夏组产状平缓，层理清楚，构成近水平层状地质体，出露的主要地层为其第三、四岩性段，岩性为泥岩、砂岩及砾岩等。岩体裂隙较发育，部分达到并超过强裂隙率标准。泥岩遇水易软化，特别是条带状灰绿色泥岩含黏土矿物成分高，水理反应强烈，遇水易软化膨胀，使抗剪强度大大降低。而区内黄土分布面广，主要是离石黄土和马兰黄土，黄土的特殊结构使降雨易于入渗，形成湿陷性黄土，使土体的抗剪强度不断降低，控滑结构面不断扩展，最终不仅单纯形成黄土滑坡，而且与下伏的临夏组软岩层组合，易使整个斜坡产生蠕滑拉裂变形破坏，导致大规模的黄土—泥岩滑坡形成。

东乡县多年平均降水量是544.6 mm，锁南镇在内的中南部地区年降水量达500～600 mm，降雨在年内分布不均，主要集中于6～9月，多以暴雨和连阴雨的形式出现，是东乡县黄土地区地质灾害频发的主要诱发背景，大气降水也是撒尔塔广场边坡土体内水含量累积的主要原因。地下水的不断渗流及对泥岩的软化，降低了坡体的稳定性，是黄土—泥岩滑坡的重要影响因素。地形未改造前在现体育场下部的冲沟中有泉水出露，修建体育场后，场地整平压埋了泉眼，使得地下水排泄受阻，地下水位上升。

三、冻融作用破坏边坡稳定

2011年2月以来，气温升温较快，处于春季冻融阶段（见图3.8），坡体内地下水反复冻结融化，造成坡体结构破坏，坡脚土体软化，抗滑性能降低，是滑坡发生的主要原因。

综上所述，受后期降雨、坡面（坡顶）绿化灌溉及气候条件等影响，兼之黄土梁峁丘陵区切割严重，坡面陡峻，高差大，人工填土披覆于风积黄土之上等地质环境条件因素，诱发了此次滑坡灾害。该滑坡的发生是由于各种不利于斜坡稳定的因素长期综合作用，产生坡体累进性破坏，至3月2日达到临界点，滑面贯通，产生滑坡。

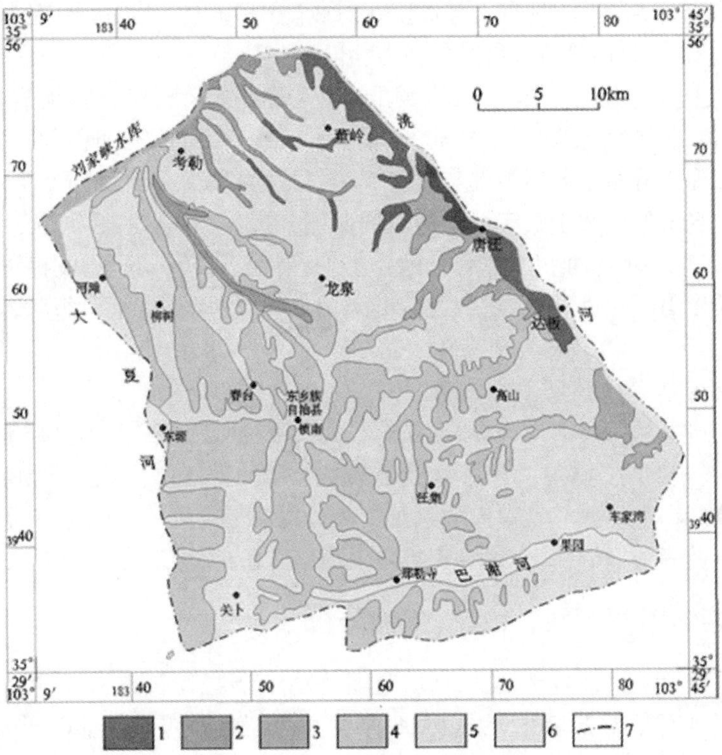

坚硬块状浸入岩;2. 坚硬块状、层状变质岩岩组;3. 较坚硬中厚层、薄层状碎屑岩岩组;
4. 软弱层状黏土岩岩组;5. 黄土;6. 亚黏土、碎石、砾卵石多层土;7. 县界

图 3.7　东乡县岩土体工程地质类型分区略图

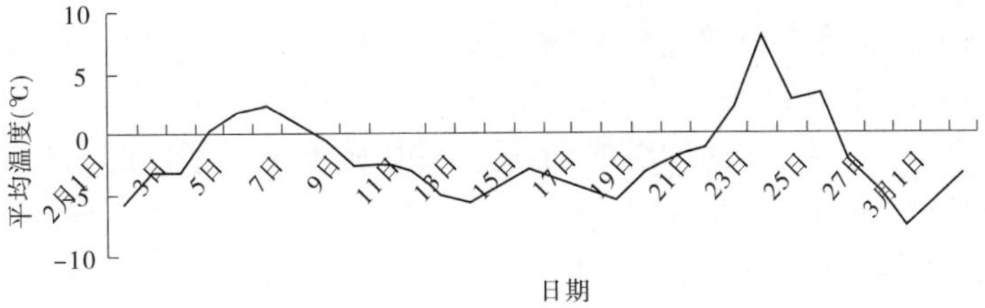

图 3.8　2001 年 2 月 1 日 ~3 月 2 日东乡县平均气温日变化图

第三节　滑坡形成的过程与特大灾害成因分析

一、滑坡的基本特征

1. "3 · 2"滑坡的基本特征

撒尔塔文体广场位于黄土丘陵地貌冲沟的沟脑部位,是由人工堆填土方整平修筑而成,广场北侧及东侧均为人工堆填而成的人工土质边坡,北部向南的边坡宽 300 m,斜坡平面形态为直线形,剖面形态为直线形或阶梯形,坡向 155°,顶部高程 2 377. 3 m,坡底高

程 2 325.4 m，高差 51.9 m，具有上部坡度相对较陡、下部坡度相对较缓的特点，上部坡度一般在 35°～38°，下部坡度在 30°左右，最大可达 40°以上。

该斜坡从上至下由人工填土、风积黄土（马兰黄土和离石黄土）、泥岩构成。人工填土位于坡体顶部与坡腰部位，分布范围大，根据不同时期地形图观测，其厚度 4.5～10.0 m，泥岩分布于坡体下部与坡脚部位，岩性为黏土。

撒尔塔广场滑坡发育于人工填土边坡的西侧，由北向南滑动，后缘位于人工边坡的顶部，海拔 2 377.1 m，前缘堆积于体育场的跑道上，高程 2 325.4 m，滑坡相对高差 51.7 m，滑坡体自然坡度 10°～20°，滑坡后缘发育陡立的后壁，坡面中部呈台级状，发育小型平台及陡坎。

2. 潜在的最大滑坡体的基本特征

经过实地调查和勘察结果分析，潜在的最大滑坡体长约 390 m，宽约 350 m，平均厚度 23 m，滑动体体积约为 313.9 万 m^3，后缘至县城北部的广播站，接近当地海拔最高区，南至撒尔塔文体广场中部。滑动带为马兰黄土和离石黄土接触带。该潜在的最大滑坡体上有两个主要的裂缝密集带，一个裂缝密集带沿商贸一条街分布，另一个沿东大街分布。

二、滑坡形成过程及特大灾害成因分析

东乡县城属地质灾害高易发区，县城范围共发育滑坡、不稳定斜坡、泥石流、地面塌陷（黄土湿陷）等 4 种地质灾害类型，据 2003 年调查，共发育地质灾害隐患点 27 处，其中滑坡 11 处，不稳定斜坡 13 处（见图 3.9），泥石流 3 处，湿陷性黄土覆盖整个规划区。本次地质灾害发生于东乡县城撒尔塔文体广场北部边坡，地理坐标：东经 105°23′15″，北纬 35°39′42″。撒尔塔广场西北部滑坡为土质滑坡，滑坡平面形状为舌型。滑坡滑前坡体体长 100 m，宽 70 m，高 52 m，坡度 25°～45°，部分地段接近 50°，为人工改造的边坡。滑坡主滑方向为 150°，至前缘与西侧坡体碰撞后转为 120°。滑坡堆积体长度约 150 m，平均宽度约 55m，舌部宽度约 90 m，平均厚度为 15 m，为 7 次规模不等的滑坡堆积所形成。滑坡后壁及两侧形成了 10～40 m 高的滑壁，沿滑坡壁周围形成弧形的卸荷裂隙，最大宽度近 50 cm，垂直错距约 20 cm。

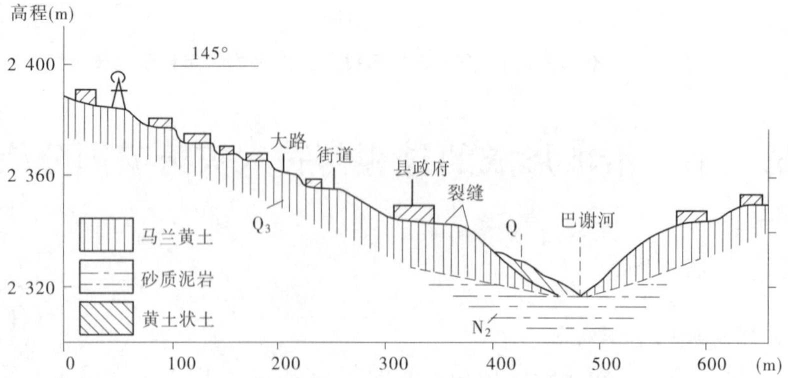

图 3.9　东乡族自治县锁南镇不稳定斜坡剖面图

滑坡两侧不稳定斜坡的构成均为人工填土和马兰黄土组成的二元结构斜坡，其基底为第三系红色泥岩、粉砂岩。其中东侧边坡横向长度约194 m，纵向长度约100 m。坡顶平台宽度50～60 m，发育3～4条拉张裂隙，裂缝延伸方向为60°，裂缝最大宽度约10 cm，部分地段垂直错距近50 cm。坡顶坡脚局部可见小型的崩塌体，并在体育场可见鼓胀裂缝，因此东侧边坡变形迹象较为明显。西侧边坡横向长度为190 m，平面展布为内凹弧形，纵向长度80～100 m。本次滑动范围内的东侧滑坡目前仍处于蠕滑状态，随时可能产生更大的破坏。此次滑坡的主导成因是坡体下部土体长期处于饱水状态，导致斜坡失稳；同时3月份为冻融季节，由于坡体饱水带反复冻结融化，坡体结构破坏，抗剪强度急剧降低，导致撒尔塔广场北部斜坡产生滑坡。滑坡滑动后其后部坡体受牵引产生卸荷变形，破坏范围远大于滑坡滑动范围，其影响区一直波及到北部斜坡顶部、东西两侧坡体，县城出现大面积地面塌陷，大范围建筑物、市政基础设施遭受破坏，产生特大型地质灾害。

这次特大滑坡造成了巨大的经济损失，主要是县城特殊的地理位置、人口众多、建筑密度高等因素导致。东乡县城坐落在海拔2 400多m的山头上，城区地形复杂，高差起伏大，人口高达2.7万(其中：常驻人口2.2万人，流动人口0.5万人)，建筑密度高且多依山就坡分布。同时，环绕撒尔塔文体广场1.8 km长度范围内为建筑、人口相对密集区。由于采取了一定的防范措施，加之这次滑坡是一块一块的垮塌，先后发生了7次，持续四五分钟时间，为周边的居民、商户很快撤离现场赢得了时间。灾害发生后，当地政府及时组织疏散，当即就把涉险区的97户、454名居民和700多名干部职工转移到安全地带，使这次特大地质灾害未造成人员伤亡。

第四章　区域自然灾害风险评价

第一节　地质灾害

一、地质灾害的类型和特征

东乡县境内地质灾害主要有滑坡、泥石流、地裂缝和崩塌等四种类型,2003 年地质灾害防治调查确定的地质灾害点和灾害隐患点共计 121 处,其中滑坡灾害及灾害隐患点共计 74 处,占地质灾害及隐患的 61.2%;泥石流 40 处,占 33.1%;地裂缝 5 处,占 4.1%;崩塌 2 处,占 1.6%。

1. 滑坡

滑坡是东乡县内发育的主要地质灾害类型,它不仅分布广、数量多,而且规模大,部分成群发育。据 2003 年调查结果,县内滑坡灾害隐患点共 74 处,根据滑坡性质、滑面埋深及规模等对滑坡进一步分类(见表 4.1)。

表 4.1　滑坡类型统计表

分类依据	类型	数量	占滑坡灾害总数比(%)
滑坡性质	岩质滑坡	22	29.7
	碎块石滑坡	4	5.4
	土质滑坡	48	64.9
滑面埋深	浅层滑坡(<6 m)	10	13.5
	中层滑坡(6~20 m)	43	58.1
	深层滑坡(>20 m)	21	28.4
规模	小型(<10 万 m^3)	3	4.0
	中型(10 万~100 万 m^3)	16	21.6
	大型(100 万~1 000 万 m^3)	46	62.2
	巨型(>1 000 万 m^3)	9	12.2

由表 4.1 可知,县内滑坡以土质滑坡为主,占总数的 64.9%,其次为岩质滑坡,占总数的 29.7%,碎块石滑坡较少。滑坡规模以大型为主,且中层滑坡居多。根据已有滑坡的滑坡特征及对潜在滑坡综合判断,县内滑坡以高速滑动为主。

(1)岩质滑坡

岩质滑坡在县内指黄土—泥岩混合滑坡,且以泥岩为主,县内单纯的岩质滑坡极少。滑体物质为黄土及泥岩混合堆积,其结构较凌乱。县内黄土—泥岩滑坡规模大,多为大、中型滑坡，且以中深层为主（见表4.2）。主要分布于巴谢河北岸及县内规模较大的冲沟内，部分成群发育。滑坡堆积形态比较完整，呈明显的圈椅状地形，后壁陡峻，坡度一般在38°～55°之间，部分呈60°以上的陡壁地形，侧缘及滑体内部冲沟侵蚀强烈，滑坡地形破碎，堆积坡面形态多成复合型，总体坡度在20°～40°之间，前缘较陡，中后部和缓，部分滑坡后部呈凹槽状地形。滑体坡面部分或为居民建筑利用，或被改造成梯田。由于沟谷切割及地表水流侵蚀，滑坡体前缘、侧缘及滑体内部冲沟两侧土体易被水流冲刷流失，造成滑体的局部滑动或整体失稳，而滑坡后壁坡体陡峻，易崩塌或再次滑动，使整体不断向后部剥蚀。

表4.2　岩质滑坡分类统计表

分类依据		数量	占岩质滑坡总数比(%)
滑坡厚度	浅层(<6 m)	2	9.1
	中层(6～20 m)	8	36.4
	深层(>20 m)	12	54.5
规模	小型(<10万 m^3)	1	4.5
	中型(10万～100万 m^3)	5	22.7
	大型(100万～1 000万 m^3)	12	54.6
	巨型(>1 000万 m^3)	4	18.2

(2)土质滑坡

县内土质滑坡主要为原生黄土滑坡及其堆积土体的再次滑坡，此外包括少量的河谷阶地黄土状土质滑坡。土质滑坡岩性比较均一，滑坡规模差异较大，以大、中型居多，中层滑坡占土质滑坡总数的64.6%（见表4.3）。滑坡分布于县内冲沟内，其地形特征明显，后壁多呈圈椅状陡壁，坡度大部在40°以上，滑体物质顺坡堆积且呈起伏不平的斜坡地形，坡度多在25°～35°之间，部分滑体呈蒜状，土体大部分在沟底堆积，堵断沟道。堆积物质松散，易被坡面水流及沟谷地表水流直接冲蚀，除少数规模较大的土质滑坡外，一般滑坡侧缘及内部冲沟不发育。黄土滑坡一般顺土地节理裂隙面黄土—泥岩界面滑动，部分滑坡切过少量泥岩。县内灾害性土质滑坡基本为新滑坡。

表4.3　土质滑坡的分类统计表

分类依据		数量	占土质滑坡总数比(%)
滑坡厚度	浅层(<6 m)	8	16.7
	中层(6～20 m)	31	64.6
	深层(>20 m)	9	18.7
规模	小型(<10万 m^3)	2	4.2
	中型(10万～100万 m^3)	10	20.8
	大型(100万～1 000万 m^3)	31	64.6
	巨型(>1 000万 m^3)	5	10.4

(3)碎块石滑坡

碎块石滑坡主要指黄土—泥岩滑坡再发育的滑坡体。县内碎块石滑坡数量较少,分布位置分散,其分布海拔高度一般较低,在巴谢河左岸及县内冲沟中零散发育,规模相对较小,堆积物质松散,黏结力小,多位中浅层,岩性组成为黄土、泥岩碎块混杂堆积,结构凌乱。县内碎块石滑坡多由于古老滑坡部分或局部的错动滑移,整体复活移动的很少。

作为滑坡隐患点的不稳定斜坡在县内分布广泛,大多坡体变形迹象明显,且可造成灾害的不稳定斜坡达 40 处,占灾害总数的 54%。县内不稳定斜坡一般分布于沟谷两侧陡坡段,其坡度多在 30°～45°之间,部分接近 50°,岩体以土质为主,发育处沟谷深切,斜坡具有一定的临空条件,地形破碎,特别是一些古老滑坡后壁坡体是不稳定斜坡的主要发育地段,这些地段的不稳定斜坡数量总计 31 处,占其总数的 77.5%。县内的不稳定斜坡处于明显的蠕动阶段,坡体中上部或坡顶裂缝明显,部分裂缝长达 2～3 km,部分沿裂缝形成的陷穴、陷槽宽达 1.2～1.5m,而一些坡体沿裂缝下错明显。裂缝造成许多居民住房开裂变形成危房,降雨汇集的地表水流沿裂缝大量灌入,部分居民夜间可听见地裂声。这些处于危险的坡体一旦失稳将对坡顶及坡体上居民造成极其严重的灾难。

2. *泥石流*

泥石流是一种爆发在山区沟谷中包含大量泥沙块石的特殊洪流。它是在山地夷平过程中由剧烈侵蚀作用引发的一种泥沙快速运动现象,是水土流失和山地环境恶化发展到极其严重阶段的重要标志。东乡县山大沟深,地形破碎,沟壑密度大,沟内滑坡、崩塌发育,坡面松散物质丰富,暴雨频繁,为县内泥石流的形成提供了有利条件。县内泥石流分布广泛,数量多,活动性强,几乎逢沟必有泥石流,在洮河、大夏河、巴谢河及黄河刘家峡水库区沿岸均有分布。但部分非灾害性泥石流沟,沟谷泥石流顺窄深沟道直接汇入主河道,泥石流多为稀性,规模较小,沟口堆积扇小或无扇,对两侧居民、农田等不构成灾害,如巴谢河、大夏河沿岸部分沟谷。而洮河下游及刘家峡水库沿岸沟口无人居住,且受库水雍水顶冲,沟内泥石流未冲出沟口,而在沟道内陆续停积,对两侧沟坡居民危害甚微。依据 2003 年调查结果,全县共有大小灾害性泥石流 40 条,其发育度为 0.026 条/km^2,泥石流集中发生于每年 6～9 月,均由暴雨激发,主要分布于洮河、巴谢河沿岸,此外在大夏河沿岸也有分布,其爆发突然,来势凶猛,破坏力强。

县内泥石流按其颗粒组成及流域特征可进一步分类(见表 4.4):

表 4.4　泥石流分类统计表

分类依据	泥石流类型	沟谷条数	占同类比例(%)	流域面积大于 1 km^2 的沟谷所占比例(%)
按流域特征	坡面型泥石流	8	20	—
	沟谷型泥石流	32	80	94.1
按颗粒组成	泥石流(狭义)	32	80	84.4
	泥流	8	20	37.5

(1)按泥石流的粒径特征分类

县内泥石流按其所含固体物质的颗粒粒径可分为泥流和泥石流(狭义)。泥流中固体物质主要由黏土、粉土和砂组成,缺少或很少有碎石、砾石等粗颗粒。县内共有灾害型泥石流8条,占泥石流灾害总数20%,主要分布于巴谢河、大夏河沿岸,其规模一般较小,危害相对较轻,泥流多稀性间或黏性。相对于泥流而言,泥石流(狭义)是由黏粒、粉粒、砂粒、块石等粒径大小不同的固体物质组成,县内泥石流(狭义)沟有32条,占泥石流灾害总数的80%,主要分布于洮河沿岸,其数量多,密度大,危害严重。

(2)按泥石流流域特征分类

根据泥石流沟流域形态及其形成和发育特征,县内泥石流又可分为坡面型泥石流和沟谷型泥石流。

县内坡面型泥石流沟流域面积均小于1.0 km^2,沟谷按发展阶段而言多处于年幼期,流域平面形态呈半圆或扇状,空间形态呈漏斗状,沟坡坡度及沟床纵比降较大,形成区和堆积区直接相连,缺少明显的流通区,泥石流汇流迅速,但冲出量一般较小。县内灾害性泥石流沟有8条,占泥石流沟总数的20%。

沟谷型泥石流流域面积一般较大,多大于1.0 km^2,沟谷发展阶段多处于青壮年期,流域平面形态多不规则,沟谷横剖面呈"V"形,沟床纵比降相对较小,泥石流形成区、流通区、堆积区一般可明显划分,泥石流汇流速度相对较慢,但规模一般较大,成灾严重。县内沟谷型泥石流有32条,占泥石流总数的80%。

3. 地裂缝

在东乡县境内地裂缝类型主要为发育于河谷阶地及黄土台塬边缘和内部的地裂缝,对于沟谷两侧坡体出现的裂缝归属于不稳定斜坡即潜在滑坡、崩塌的变形破坏特征,而不重复作为地裂缝灾种。县内共发育地裂缝5条,分布于大夏河沿岸阶地及侵蚀堆积的黄土台塬,部分裂缝形成于阶地及台塬近边缘地带,其余裂缝处于其内部。地裂缝呈单缝或群缝发育,裂缝长150~900 m,延伸方向多与河谷走向基本一致。裂缝发育处阶面、塬面较为平坦,地形开阔,其岩性组成上部为黄土、黄土状亚黏土,厚度20~50 m,下部为砂砾卵石层或第三系泥岩、砂质泥岩。

4. 崩塌

崩塌是指陡坡上的岩土体在长期的重力作用下向坡下弯曲,最终发生断裂、倾倒及坠落等斜坡破坏类型,它具有快速位移并沿软弱结构面分体的特征。

县内由于黄土岩性的特殊性,黄土斜坡变形破坏多沿其高倾角的节理裂隙发育,其破坏方式具有崩、滑特征,该类灾害点多归属于滑坡类。

二、地质灾害分布及规模

1. 地质灾害的分布

(1)地质灾害的区域性分布及特征

东乡县地质灾害种类较多,受地形地貌、构造、岩土体结构、人口分布、人类活动强度等因素影响,县内地质灾害分布具有明显的区域性差异,且不同灾种其分布特征有所不同,具体分布特征如下:

①本区滑坡、崩塌灾害主要分布于巴谢河流域北岸及其支沟内，以及境内中部龙泉—锁南镇、汪集—高山等地，形成一个不规则的分布区，其灾害密度较大，局部地段成群发育，参见地质灾害危险性分区图(图4.7)。其他地段灾害点比较分散，数量较少。从滑坡灾害及其隐患点发育密度及分布位置可以看出，县内地形破碎、原有重力侵蚀作用强烈的区段，即古、老滑坡发育的地段，也是目前滑坡灾害的主要分布地段，具有滑坡区段不断滑动，而稳定地段仍较稳定的特征。县内古、老滑坡的后壁坡体是滑坡隐患点的重要分布地段。

②县内泥石流沟分布于洮河、巴谢河、大夏河沿岸，其中尤以洮河沿岸泥石流分布最为密集，共发育泥石流沟达24条，占泥石流灾害总数的60%，发育密度达1～3条/km^2，其数量多，灾害严重。其次为巴谢河流域，共发育灾害性泥石流沟12条，占该类灾害总数的30%，平均分布密度为0.42条/km^2，该流域特别是其北岸既是泥石流发育区也是滑坡灾害的主要分布区之一。

③县内地裂缝灾害集中分布于大夏河及刘家峡水库沿岸，发育于河谷阶地及黄土台塬之上，分布位置目前集中于东塬、河滩乡祁杨家及考勒乡三塬，地裂缝规模较大，危害严重。

(2)地质灾害的乡镇分布

在东乡县25个乡镇中，绝大部分乡镇不同程度地均有地质灾害分布，各乡镇地质灾害分布也表现出不均匀性。总体而言，东乡县中部及南部巴谢河流域及东部洮河沿岸各乡镇地质灾害发育较重，而北部董岭乡及西南部百和、关卜乡等地质灾害较轻，见表4.5。

表4.5　东乡县各乡镇地质灾害点分布现状统计表

乡镇	面积(km^2)	人口(人)	滑坡(处)	崩塌(处)	泥石流(条)	地裂缝(条)	总数(处)	占总数比(%)	数量序列	灾害面密度(处/km^2)	密度序列
锁南镇	46.98	18 163	4				4	3.3	7	0.085	10
董岭乡	130.48	5 383	1				1	0.8	9	0.008	23
唐汪乡	35.99	14 056			8		8	6.6	4	0.222	2
考勒乡	64.58	7 483	6			2	8	6.6	4	0.124	6
龙泉乡	119.68	13 388	8				8	6.6	4	0.067	14
河滩乡	63.43	7 330			3	1	4	3.3	7	0.063	15
柳树乡	57.42	6 542	4				4	3.3	7	0.070	13
春台乡	78.53	8 732	3				3	2.5	8	0.038	20
北岭乡	42.62	4 936	9				9	7.4	3	0.211	3
大树乡	64.45	7 757	2	1			3	2.5	8	0.047	18
高山乡	67.83	3 325	3				3	2.5	8	0.044	19
达板镇	58.36	23 460			16		16	13.2	1	0.274	1
车家湾乡	55.34	3 426	6				6	5.0	5	0.108	7

续表 4.5

乡镇	面积（km^2）	人口（人）	滑坡（处）	崩塌（处）	泥石流（条）	地裂缝（条）	总数（处）	占总数比（%）	数量序列	灾害面密度（处/km^2）	密度序列
风山乡	53.57	5 724	5				5	4.1	6	0.093	9
汪集乡	75.60	9 874	4				4	3.3	7	0.053	16
沿岭乡	36.32	5 655	1				1	0.8	9	0.028	21
免古池乡	33.97	6 633									
东塬乡	61.76	12 789			1	2	3	2.5	8	0.049	17
百和乡	49.41	11 300	1				1	0.8	9	0.020	22
坪庄乡	37.51	9 703	3				3	2.5	8	0.080	11
关卜乡	34.41	9 800									
那勒寺乡	64.28	18 250	3		3		6	5.0	5	0.093	8
赵家乡	30.21	7 586	3		1		4	3.3	7	0.132	5
五家乡	37.62	8 394	2		1		3	2.5	8	0.080	12
果园乡	74.25	13 684	6	1	7		14	11.6	2	0.189	4
总计	1 474.59	243 373	74	2	40		121	100.0			

从表 4.5 统计结果可以看出，无论是在分布数量上还是在分布密度上，地处东乡县中部的北岭乡、考勒乡及南部果园乡、赵家乡和东部唐汪乡、达板镇均处于前列，其地质灾害危害也最为严重。

2. 地质灾害规模

依照《县（市）地质灾害调查与区划基本要求》实施细则，滑坡、泥石流、地裂缝规模级别划分标准如表 4.6。而崩塌未规定划分标准，在此依据滑坡的划分标准进行。

表 4.6　崩塌、滑坡、泥石流规模级别划分标准

级别	崩塌、滑坡（万 m^3）	泥石流（万 m^3）	地裂缝
巨型	>1 000	>50	长 >1 km，地面影响宽度 >20 m
大型	100 ~ 1 000	20 ~ 50	长 >1 km，地面影响宽度 10 ~ 20 m
中型	10 ~ 100	2 ~ 20	长 >1 km，地面影响宽度 3 ~ 10 m 长 <1 km，地面影响宽度 10 ~ 20 m
小型	<10	<2	长 >1 km，地面影响宽度 <3 m 长 <1 km，地面影响宽度 <10 m

根据表 4.6 所列划分标准，将县内地质灾害进行分类统计，结果见表 4.7。

表 4.7　地质灾害规模级别划分统计表

灾害类型	数量(处)	巨型		大型		中型		小型	
		个数	所占总数比(%)	个数	所占总数比(%)	个数	所占总数比(%)	个数	所占总数比(%)
泥石流	40	2	5.0	7	17.5	23	57.5	8	20.0
滑坡	74	9	12.2	46	62.2	16	21.6	3	4.0
崩塌	2	—	—	—	—	—	—	2	100.0
地裂缝	5	1	20.0	—	—	3	60.0	1	20.0

从表 4.7 可以看出，县内泥石流以中型为主，占泥石流灾害总数的 57.5%，其次为小规模泥石流，占其灾害总数的 20%；滑坡以大、中型居多，二者合计占滑坡灾害总数的 83.8%，巨型滑坡数量较少，占其灾害总数的 12.2%；崩塌均为小型；地裂缝以中型为主，占其灾害总数的 60%。

三、地质灾害形成条件及影响因素

各类地质灾害的形成，取决于地质环境条件和各种内外营力的作用，是各种内外因素共同作用的结果。县内影响地质灾害形成的主要因素包括地形地貌、岩土体结构、地震、气候、地下水及人类工程活动等，对于不同的灾害类型其影响的主导因素又有所不同。

1. 滑坡形成条件及影响因素

(1)地形地貌

地形地貌是影响县内地质灾害的重要因素之一。东乡县属强烈侵蚀的丘陵沟壑区，县内沟深坡陡，切割强烈，地形破碎，共发育大小冲沟 3 083 条，总长约 5 220 km，沟壑密度平均达 204 条/km^2，平均切割密度 3.5 km/km^2。地形相对高差多在 300 ~ 600 m 之间，沟坡坡度多大于 35°，县内高而陡的斜坡所形成的有效临空面易产生滑坡、崩塌。从调查资料统计，县内发生滑坡的原始斜坡坡度多在 28°以上，而集中在 32° ~ 48°的坡度范围内，而坡形多为弧形凸型坡或直线型；60°以上斜坡易形成崩塌。从滑坡区域分布来看，巨型、大型成群发育的滑坡大都产生于巴谢河河谷区及规模较大的冲沟内，其开阔的沟谷地形，高大的斜坡临空面为重力侵蚀提供了空间。

(2)岩土体性质及结构

东乡县所处的临夏盆地是一个以前震旦系变质岩及古生代侵入岩为基底的新生代盆地，盆地内广泛出露新第三系上新统临夏组与第四系黄土，总体形成黄土——泥岩、砂岩的区域性岩土体结构类型。县内的上新统临夏组产状平缓，层理清楚，构成近水平层状地质体，出露的主要地层为其第三、四岩性段，岩性为泥岩、砂岩及砾岩等，第四岩性段以含钙质团块的泥岩为特征并夹有 1 ~ 2 层胶结砾岩，而第三岩性段以紫红色砂质泥岩为主，夹有数层(单层厚度 0.3 ~ 0.4 m)砂岩和灰绿色条带状泥岩、泥灰岩。岩体裂隙较发育，部分达到并超过强裂隙率(8%)标准，见表 4.8。泥岩遇水易软化，特别是条带状灰绿色泥岩含黏土矿物成分高，水理反应强烈，遇水易软化膨胀，使抗剪强度大大降低。这套易滑的泥岩地层在县内冲沟两侧斜坡及巴谢河沿岸广泛出露，易于形成滑坡。而县内黄土分布面广，岩性为粉质亚黏土，其厚度一般在 10～200 m，结构疏松，湿陷性强，重向节理及高倾角节理裂隙发育。据本次调查统计，县内黄土节理裂隙倾角大多大于 45°，且顺坡向（与冲沟走向同）的节理裂隙极为发育，裂隙面平整，延伸性好，在马兰黄土中这一特征非常明显。黄土的特殊结构使降雨易于入渗，土体的抗剪强度不断降低，控滑结构面不断扩展，最终不仅单纯形成黄土滑坡，而且与下伏的临夏组软岩层组合，易使整个斜坡产生蠕滑拉裂变形破坏，导致大规模的黄土——泥岩滑坡形成。

表 4.8　县内各地层裂隙发育程度统计表

地层	K_1	N_2L^3	N_2L^4	Q_2^{eol}	Q_3^{2eol}
裂隙率（%）	0.625～1.20	0.625～9.60	0.91～2.70	1.4	0.12～3.50

县内古、老滑坡堆积体物质松散，岩土混杂，利于大气降水的渗入，故部分滑坡失稳而形成新滑坡，特别是巴谢河流域北岸，其二级阶地砾卵石层上普遍分布有一层含腐殖质高的灰黑色亚黏土，其抗剪强度低，阻滑力弱，岸坡堆积的次生黄土、坡积层及一些古、老滑坡在降雨入渗作用及自身重力作用下，易导致局部失稳而再次产生滑坡。因此，形成在古滑坡上发育老滑坡，继而发生新滑坡的现象。

（3）新构造运动及地震

新构造运动对地质灾害的影响一般是通过对地貌的改造实现的，最终归结为地形的影响，前已述及。总体而言，新构造运动使山地不断抬升，流水不断下切，斜坡高差不断增加，其稳定性不断降低，同时也使老滑坡堆积逐步抬高，临空面加大，前缘坡体逐步变陡，造成滑体失稳，形成新的灾害，这是目前县内灾害不断发生的重要因素。

地震作为新构造运动的一种表现形式，其对地质灾害影响是直接性的。地震活动直接松动斜坡岩土体，破坏岩体结构和坡体稳定性，引发滑坡、崩塌等地质灾害。据史料记载和现场调查，并结合一些学者的研究资料，境内古、老滑坡的形成期与历史上地震活动周期具有同步性，而部分滑坡是由地震直接诱发形成，如前述的红崖子大塬山滑坡及考勒乡阴洼滑坡等。

（4）降雨

降雨是导致本区地质灾害频发的主要因素之一。东乡县年均降雨量 544.6 mm，降雨在年内分配不匀，多集中在 6～9 月，常以连阴雨和暴雨的形式出现，最长连续降雨日数可达 15 天，暴雨强度大，数量多，特殊的降水形式为地质灾害形成提供了条件。

连阴雨对县内滑坡的作用较大，降雨不断渗入坡体，使岩土体坡体含水量增加，甚至达到饱和状态，增大了岩土体自身重力及静水、动水压力，使疏松黄土及下伏易软化的泥岩抗剪强度降低，导致滑坡发生。而县内由于山高坡陡，地形破碎，冲沟发育，暴雨增加了对坡面及坡体物质的冲刷强度，同时引发的洪水对坡脚物质产生冲刷、掏蚀，但坡体内降雨入渗量相对较小，高强度降雨是滑坡稳定性的重要影响因素之一，但直接诱发滑坡的较少。

（5）地下水与地表水

地下水的作用：地下水是影响斜坡稳定性的重要因素，其作用主要表现在两个方面：

一是地下水位上升增加了岩土体的荷载，加大了坡体重力，从而增加了坡体的下滑力；二是地下水的浸润、潜蚀及对岩土体易溶矿物的溶解等作用，使斜坡力学强度降低，同时静水及动水压力的存在，也造成坡体抗滑阻力的降低，地下水的综合作用强烈影响着斜坡的稳定性。县内与滑坡形成有关的主要有两个含水层，一是黄土孔隙裂隙潜水含水层，该层与临夏组风化壳构成统一的含水层，地下水不仅对下部泥岩起软化作用，而且由于泥岩隔水作用，使该层地下水沿黄土与泥岩接触界面附近潜移、渗流，该层地下水的作用易使上部黄土沿岩土分界面滑移；二是临夏组第四岩性段底部的砾岩含水层，该含水层下部岩体均含不均一裂隙水，并以泉的形式排泄。地下水的不断渗流及对泥岩的软化，降低了坡体的稳定性，这是黄土—泥岩滑坡的重要影响因素。

地表水的作用：县内大部分冲沟沟道狭窄，滑坡堆积体直接压迫沟道，阻碍水流，少数沟谷常年性地表水及降雨引发的短暂洪流直接侧蚀、冲刷坡脚，滑坡前缘物质被不断带走，引发后部坡体失稳。而滑体内部冲沟发育，地形破碎，降雨引发的地表水流的不断切蚀，造成沟坡两侧坡体失稳，不断向冲沟内滑移。此外，刘家峡水库库水对岸坡的浸润及蓄水位升降对斜坡的影响，是造成库岸斜坡失稳的重要影响因素。

(6)人类活动

人类活动对地质环境的破坏作用是显而易见的，随着社会的发展，人口的增加，人类活动空间、方式和强度都在不断增加，一些不合理的经济活动直接或间接地诱发地质灾害的发生。县内人类经济工程活动诱发滑坡、崩塌灾害主要表现在以下几个方面：一是开挖坡体，筑路建房，形成高陡边坡而产生滑坡、崩塌；二是集中建房，诱发坡体失稳；三是农田灌溉及库水浸润坡脚，造成滑坡、崩塌。

2. *泥石流形成条件及影响因素*

(1)地形条件

陡峻的地形是泥石流形成的三大基本条件之一。县内冲沟发育，沟壑密度大，沟谷狭窄陡深，流域相对高差较大，谷底宽一般在 1 ~ 80 m，沟床纵比降 65‰ ~ 639‰(见表4.9)，地壳运动抬升造就的大量高陡斜坡和狭窄沟道，极利于降雨的迅速汇集，冲蚀坡面及沟内松散物质，为泥石流提供了形成和运动场所。

(2)物质条件

本区属黄土覆盖的丘陵沟壑区，黄土结构疏松，垂向节理及大孔隙发育，加之沟坡陡峻，极易被暴雨及坡面汇流冲蚀，进入沟道。而沟谷内滑坡、崩塌发育，成群分布，压迫、堵塞沟道，其物质松散，极易被坡面水流和沟谷地表水流冲蚀，为泥石流形成提供丰富的固体松散物质。此外，洮河西岸前第三系基岩大面积出露，受北西向断裂构造的影响，岩体破碎，风化强烈，崩塌比较发育，为洮河沿岸泥石流形成提供了大量的粗颗粒松散物质，这也是该区泥石流发育的重要因素。

据调查统计，本区泥石流沟内松散物质储量一般在2.6万~25万 m^3/km^2 之间，最大可达36.8万 m^3/km^2(见表4.10)。

(3)降雨条件

降雨是泥石流形成的基本条件之一，也是县内泥石流发生的唯一水动力来源。县内暴雨数量多，强度大，平均每年暴雨日数2.9个，以暴雨形式的降雨量占年降雨量的

37.6%,短时间大强度降雨为泥石流形成提供水源条件。本区泥石流均属暴雨型,由于流域面积不同,固体松散物质类型、特征及补给方式不同,形成泥石流灾害的降雨强度也不同。东乡县泥石流研究程度很低,据本次调查访问并结合县气象部门资料分析,县内激发泥石流形成的降雨强度应在 20 mm/h 以上,2002 年 7 月 24 日,县内许多沟谷爆发泥石流,其小时降雨量达 21.4 mm。

境内降雨有周期性变化规律,据东乡县气象部门资料,该周期约为 10 年,丰枯水年构成波浪式变化曲线。而地质灾害的发生与降雨周期性变化基本一致,特别是泥石流灾害发生特征更明显,据调查,县内沟谷每隔一段时间即发生较大规模泥石流,近 60 年来,发生比较严重泥石流灾害的年份出现在 1945 ~ 1947 年、1953 ~ 1956 年、1962 ~ 1963 年、1975 ~ 1977 年、1984 ~ 1985 年、1992 ~ 1995 年及 2002 年 6 ~ 7 月,而地域不同,其发生时间有一定差异,但总趋势与降雨周期性变化接近。

表 4.9　县内泥石流沟地形要素统计表

编号	沟名	流域面积 (km^2)	相对高差 (m)	沟坡坡度 (°)	主沟纵比降 (‰)	沟谷形态
DN-1	红泥沟	1.54	380	47	110	V 型
DN-2	大沟	2.25	520	41	150	V 型
DN-3	瓦房沟	1.48	580	43	110	V 型
DN-4	河路沟	5.47	590	43	120	V 型
DN-5	后沟	3.34	650	37	84	V 型
DN-6	塔石沟	12.56	820	40	110	V 型
DN-7	大沟	21.63	700	36	85	V 型
DN-8	石拉泉沟	36.12	700	34	78	V 型
DN-9	砂沟	1.02	620	43	75	V 型
DN-10	洞子沟	43.94	680	35	120	V 型
DN-11	盐沟	2.07	640	37	140	V 型
DN-12	张家沟	2.27	650	37	160	V 型
DN-13	正塔石沟	0.93	440	38	105	V 型
DN-14	塔石沟	0.84	440	38	220	V 型
DN-15	张尕拉沟	0.72	380	38	175	V 型
DN-16	卜拉沟	0.38	240	35	300	V 型
DN-17	关卜沟	17.84	630	40	87	V 型
DN-18	半 沟	131.25	700	35	57	V 型
DN-19	一排沟	0.14	220	40	800	V 型
DN-20	碎石沟	0.21	280	41	650	V 型

续表 4.9

编号	沟名	流域面积 (km²)	相对高差 (m)	沟坡坡度 (°)	主沟纵比降 (‰)	沟谷形态
DN-21	陈家沟	1.55	310	30	100	V型
DN-22	拉砂沟	18.77	540	32	78	V型
DN-23	砂子沟	14.23	540	36	43	V型
DN-24	胡麻沟	3.98	520	36	110	V型
DN-25	苏黑沟	86.54	590	32	50	V型
DN-26	八担沟	13.21	550	28	70	V型
DN-27	黑石沟	0.18	300	34	300	V型
DN-28	红石沟	0.13	320	38	210	V型
DN-29	甘土沟	11.56	330	34	40	V型
DN-30	妥家沟	43.22	380	32	50	V型
DN-31	刘家沟	11.81	360	30	58	V型
DN-32	龙土沟	0.95	280	38	100	V型
DN-33	红庄沟	6.78	380	33	110	V型
DN-34	康家沟	11.25	390	34	86	V型
DN-35	阴洼沟	0.42	300	37	200	V型
DN-36	池滩沟	18.72	430	41	78	V型
DN-37	阳洼沟	0.28	360	35	230	V型
DN-38	卜拉沟	1.55	430	35	120	V型
DN-39	新庄沟	0.24	300	34	280	V型
DN-40	大沟	1.48	400	38	150	V型

表 4.10　县内泥石流固体物质补给特征统计表

编号	沟名	松散固体物质储量 (万 m³/km²)	固体物质补给方式	泥砂补给段长度比(%)	一次最大冲出量 (万 m³)	堵塞程度
DN-1	红泥沟	4.8	面蚀、沟岸崩滑	50	3.08	轻微
DN-2	大沟	4.3	面蚀、沟岸崩滑	40	4.07	严重
DN-3	瓦房沟	4.8	面蚀、沟岸崩滑	26	3.17	中等
DN-4	河路沟	5.4	面蚀、沟岸崩滑	40	8.05	轻微
DN-5	后沟	12.6	面蚀、沟岸崩滑	60	5.92	轻微

续表 4.10

编号	沟 名	松散固体物质储量（万 m^3/km^2）	固体物质补给方式	泥砂补给段长度比(%)	一次最大冲出量（万 m^3）	堵塞程度
DN－6	塔石沟	21.0	面蚀、沟岸崩滑	55	16.12	轻微
DN－7	大 沟	12.4	面蚀、沟岸崩滑	40	23.41	无
DN－8	石拉泉沟	7.1	面蚀、沟岸崩滑	45	34.15	无
DN－9	砂 沟	2.6	面蚀、沟岸崩滑	60	2.41	轻微
DN－10	洞子沟	15.2	面蚀、沟岸崩滑	75	39.88	无
DN－11	盐 沟	8.2	面蚀、沟岸崩滑	70	4.14	轻微
DN－12	张家沟	9.1	面蚀、沟岸崩滑	70	4.46	无
DN－13	正塔石沟	8.5	面蚀、沟岸崩滑	70	2.66	轻微
DN－14	塔石沟	10.5	面蚀、沟岸崩滑	75	2.55	中等
DN－15	张尕拉沟	9.0	面蚀、沟岸崩滑	75	2.07	中等
DN－16	卜拉沟	4.0	面蚀、沟岸崩滑	75	1.23	中等
DN－17	关卜沟	4.3	面蚀、沟岸崩滑	70	21.42	轻微
DN－18	半 沟	16.5	面蚀、沟岸崩滑	70	90.67	中等
DN－19	一排沟	20.0	面蚀、沟岸崩滑	85	0.55	无
DN－20	碎石沟	26.0	面蚀、沟岸崩滑	65	0.77	严重
DN－21	陈家沟	30.3	面蚀、沟岸崩滑	60	3.64	轻微
DN－22	拉砂沟	36.8	面蚀、沟岸崩滑	70	22.58	中等
DN－23	砂子沟	19.8	面蚀、沟岸崩滑	80	18.60	中等
DN－24	胡麻沟	16.5	面蚀、沟岸崩滑	80	7.76	严重
DN－25	苏黑沟	8.8	面蚀、沟岸崩滑	70	64.97	轻微
DN－26	八担沟	6.8	面蚀、沟岸崩滑	60	17.17	轻微
DN－27	黑石沟	10.8	面蚀、沟岸崩滑	75	0.66	轻微
DN－28	红石沟	11.5	面蚀、沟岸崩滑	90	0.52	轻微
DN－29	甘土沟	3.8	面蚀、沟岸崩滑	82	15.16	轻微
DN－30	妥家沟	10.7	面蚀、沟岸崩滑	70	41.51	轻微
DN－31	刘家沟	13.2	面蚀、沟岸崩滑	70	15.41	中等

续表 4.10

编号	沟 名	松散固体物质储量（万 m^3/km^2）	固体物质补给方式	泥砂补给段长度比（%）	一次最大冲出量（万 m^3）	堵塞程度
DN－32	龙土沟	10.0	面蚀、沟岸崩滑	70	2.41	轻微
DN－33	红庄沟	23.9	面蚀、沟岸崩滑	65	10.94	中等
DN－34	康家沟	25.4	面蚀、沟岸崩滑	70	15.65	轻微
DN－35	阴洼沟	6.7	面蚀、沟岸崩滑	70	1.39	轻微
DN－36	池滩沟	15.0	面蚀、沟岸崩滑	80	23.56	严重
DN－37	阳洼沟	14.0	面蚀、沟岸崩滑	55	1.00	轻微
DN－38	卜拉沟	4.0	面蚀、沟岸崩滑	70	3.55	轻微
DN－39	大 沟	6.0	面蚀、沟岸崩滑	70	3.39	严重

（4）人类工程活动

县内人类工程活动诱发或加剧泥石流灾害主要有以下几方面：

①森林植被被严重破坏使其失去了美化环境、涵养水源、固结表土、稳定坡体、削减洪峰流量的作用。

②炸山采石、开挖坡体、陡坡垦殖等扩大了水土流失面积，人为加大了流域内固体松散物质量，加剧了泥石流的发展。洮河两岸泥石流灾害的频繁发生与流域内炸山采石、掏砂等人为活动密切相关。

③填沟筑路、建房挤压沟道等不合理的工程行为导致泥石流灾害。县内巴谢河左岸及大夏河右岸泥石流灾害形成主要是人为填埋沟道，修筑公路，而预留涵洞过流净孔小，造成泥石流不断在公路“坝前”淤积，堵塞涵洞，进而越过公路路堤漫流，冲蚀路基，淹埋居民房屋、农田。

3. 地裂缝形成条件及诱发因素

县内地裂缝均发育于大夏河右岸及黄河右岸阶地及侵蚀堆积的黄土台塬上，发育处岩性组成上部为黄土、黄土状土，厚 20～50 m，下部为砂砾卵石层或第三系泥岩、砂质泥岩。地裂缝成因复杂，主要影响因素有以下两个方面：

首先，受农田大水漫灌及引水渠道渗漏诱发，这是县内地裂缝形成的主要影响因素。本区黄土疏松，湿陷性强，垂向节理裂隙发育，渠系渗漏及农田灌溉造成大量水体入渗，并沿裂隙孔隙潜蚀、渗流，地下水水位不断抬升，形成随季节性变化的地下水渗流场，不断溶解土体易溶矿物并带走细粒物质，水体的集中及长期作用使土体中孔隙、裂隙不断扩大，加之土体的均匀或不均匀沉陷，使土体裂隙逐步形成，并成为地表水体比较集中的渗流通道，局部地段逐步发展成为落水洞、陷穴等，使裂缝规模不断扩大。

其次，阶地及黄土台塬边均呈直立陡坎，其高差为 20～240 m，有一定的临空条件，土体受自重应力及卸荷回弹作用，形成塬边裂缝，同时受刘家峡库水浸润坡脚及大夏河洪水冲蚀坡脚，使后部土体不断产生拉裂变形，而逐步形成塬区裂缝。

四、地质灾害稳定状态和危害特征

1. 滑坡、崩塌

根据滑坡稳定性野外判别表（表4.11），及2003年野外调查结果，县内处于稳定的滑坡5处，占滑坡灾害总数的6.7%；处于基本稳定的滑坡有19处，占滑坡灾害总数的25.7%；处于不稳定的滑坡有50处，占总数的67.6%。而调查的76处滑坡、崩塌灾害和灾害隐患点其发展趋势绝大部分为不稳定（见表4.12）。

表4.11　滑坡稳定性判别表

滑坡要素	稳定性差	稳定性较差	稳定性好
滑坡前缘	滑坡前缘临空，坡度较陡且常处于地表径流的冲刷之下，有发展趋势并有季节性泉水出露，岩土潮湿、饱水。	前缘临空，有间断季节性地表径流流经，岩土体较湿，斜坡坡度在30°~45°。	前缘斜坡较缓，临空高差小，无地表径流流经和继续变形的迹象，岩土体干燥。
滑体	滑体平均坡度>40°，坡面上有多条新发展的滑坡裂缝，其上建筑物、植被有新的变形迹象。	滑体平均坡度在30°~40°，坡面上局部有小的裂缝，其上建筑物、植被无新的变形迹象。	滑体平均坡度<30°，坡面上无裂缝发展，其上建筑物、植被未有新的变形迹象。
滑坡后缘	后缘壁上可见擦痕或有明显位移迹象，后缘有裂缝发育。	后缘有断续的小裂缝发育，后缘壁上有不明显变形迹象。	后缘壁上无擦痕和明显位移迹象，原有的裂缝已被充填。

表4.12　县内滑坡、崩塌稳定性评价表

编号	名称	滑坡特征						目前稳定状态	发展趋势
		类型	长(m)	宽(m)	坡度(°)	面积(万 m^2)	体积(万 m^3)		
DH-1	下红崖滑坡	岩质	380	754	38	36.36	436.32	基本稳定	不稳定
DH-2	小鳌岘滑坡	土质	1000	400	25	44.13	882.70	不稳定	不稳定
DH-3	大庄滑坡	岩质	120	150	40	2.35	18.8	基本稳定	不稳定
DH-4	下胡连滑坡	岩质	150	120	27	2.00	14.00	基本稳定	不稳定
DH-5	卧连滑坡	岩质	550	220	20	12.88	193.20	稳定	基本稳定

续表 4.12

编号	名称	滑坡特征						目前稳定状态	发展趋势
		类型	长(m)	宽(m)	坡度(°)	面积(万 m^2)	体积(万 m^3)		
DH-6	朱河滑坡	土质	480	170	28	9.24	129.38	基本稳定	不稳定
DH-7	王家滑坡	土质	230	520	29	14.26	156.86	基本稳定	不稳定
DH-8	奴录青滑坡	岩质	150	75	27	1.26	7.58	基本稳定	不稳定
DH-9	阳山滑坡	块石	400	500	21	21.42	385.61	不稳定	不稳定
DH-10	塔山滑坡	岩质	310	430	18	14.02	280.32	不稳定	不稳定
DH-11	大板头滑坡	土质	300	280	18	8.83	264.90	不稳定	不稳定
DH-12	上湾滑坡	土质	190	240	11	4.65	102.19	稳定	基本稳定
DH-13	东阴山滑坡	岩质	140	150	34	2.35	14.10	不稳定	不稳定
DH-14	四甲集滑坡	岩质	650	400	24	28.46	739.96	不稳定	不稳定
DH-15	林村滑坡	块石	270	250	20	7.18	86.16	稳定	基本稳定
DH-16	董岭滑坡	土质	65	48	42	0.42	0.84	不稳定	不稳定
DH-17	奴那滑坡	岩质	250	250	28	7.08	148.68	稳定	基本稳定
DH-18	奴那滑坡	岩质	400	290	29	13.26	265.20	稳定	基本稳定
DH-19	对坡滑坡	岩质	450	550	25	27.31	600.82	基本稳定	不稳定
DH-20	铁家滑坡	岩质	310	450	18	15.27	381.75	基本稳定	不稳定
DH-21	卡拉黑滑坡	岩质	220	250	34	5.40	70.20	不稳定	不稳定
DH-22	红庄滑坡	岩质	400	800	23	34.76	973.28	基本稳定	不稳定
DH-23	中湾滑坡	土质	150	170	39	3.30	33.00	不稳定	不稳定
DH-24	地湾沟滑坡	土质	180	350	20	7.84	78.40	不稳定	不稳定
DH-25	奴那滑坡	岩质	500	600	25	33.10	1324.00	不稳定	不稳定
DH-26	奴拉滑坡	土质	400	680	27	30.50	793.00	不稳定	不稳定
DH-27	石家滑坡	岩质	450	700	32	37.00	925.00	基本稳定	不稳定
DH-28	板土滑坡	岩质	400	400	28	18.00	450.00	基本稳定	不稳定
DH-29	达板空湾子滑坡	块石	500	300	20	16.00	192.00	基本稳定	不稳定
DH-30	奴那坡滑坡	岩质	620	500	30	36.00	900.00	基本稳定	不稳定
DH-31	尕朱家滑坡	土质	250	500	25	13.80	483.00	不稳定	不稳定
DH-32	罗家滑坡	岩质	700	1500	20	112.00	3920.00	基本稳定	不稳定
DH-33	陈家滑坡	土质	500	800	31	47.60	1904.00	不稳定	不稳定
DH-34	陈家南滑坡	土质	230	150	44	4.80	24.00	不稳定	不稳定

续表 4.12

编号	名称	滑坡特征						目前稳定状态	发展趋势
		类型	长(m)	宽(m)	坡度(°)	面积(万 m^2)	体积(万 m^3)		
DH-35	麻子沟滑坡	土质	100	350	20	3.72	74.40	不稳定	不稳定
DH-36	胡浪沟滑坡	碎石块	400	650	22	27.00	324.00	基本稳定	不稳定
DH-37	洒勒山滑坡	岩质	1 500	900	23	130.00	4 550.00	基本稳定	基本稳定
DH-38	红庄滑坡	岩质	1 600	1 100	22	182.00	5 460.00	基本稳定	不稳定
DH-39	下老沟滑坡	土质	380	400	23	16.80	302.40	不稳定	不稳定
DH-40	也乃滑坡	土质	330	850	23	30.00	620.00	基本稳定	不稳定
DX-1	湾子潜在滑坡	土质	260	540	42	18.89	283.39	不稳定	不稳定
DX-2	高家潜在滑坡	土质	520	850	33	52.70	1 054.05	不稳定	不稳定
DX-3	卧连潜在滑坡	土质	250	220	35	6.71	147.71	不稳定	不稳定
DX-4	阳山潜在滑坡	土质	600	640	27	43.10	861.95	不稳定	不稳定
DX-5	格碌潜在滑坡	土质	250	1 270	45	44.90	538.82	不稳定	不稳定
DX-6	苦顺仓潜在滑坡	土质	210	570	42	16.11	96.64	不稳定	不稳定
DX-7	杨家潜在滑坡	土质	180	2 450	51	70.08	840.91	不稳定	不稳定
DX-8	东家湾子潜在滑坡	土质	100	480	47	7.04	105.57	不稳定	不稳定
DX-9	李牙潜在滑坡	土质	150	600	40	11.75	211.48	不稳定	不稳定
DX-10	奴那潜在滑坡	土质	350	450	44	21.90	284.64	不稳定	不稳定
DX-11	湾子潜在滑坡	土质	480	1510	46	104.34	1 669.42	不稳定	不稳定
DX-12	妥牙潜在滑坡	土质	200	500	44	13.90	32.49	不稳定	不稳定
DX-13	胡朗卜拉潜在崩塌	土质	25	240	60	1.20	7.20	不稳定	不稳定
DX-14	杨家湾潜在滑坡	土质	280	340	40	12.43	68.35	不稳定	不稳定
DX-15	岘子潜在滑坡	土质	280	850	38	30.20	513.44	不稳定	不稳定
DX-16	八羊桥潜在滑坡	土质	200	350	45	9.90	98.99	不稳定	不稳定
DX-17	阳山壑岘潜在滑坡	土质	200	1 050	40	27.41	411.20	不稳定	不稳定
DX-18	卡拉光潜在滑坡	土质	600	550	35	40.29	725.14	不稳定	不稳定
DX-19	年田潜在滑坡	土质	550	650	38	45.37	635.15	不稳定	不稳定
DX-20	荒山潜在滑坡	土质	220	400	41	11.66	116.60	不稳定	不稳定

续表 4.12

编号	名称	滑坡特征						目前稳定状态	发展趋势
		类型	长(m)	宽(m)	坡度(°)	面积(万 m^2)	体积(万 m^3)		
DX-21	奴拉潜在滑坡	土质	95	500	41	6.29	125.88	不稳定	不稳定
DX-22	新庄科潜在滑坡	土质	50	100	32	0.59	2.95	不稳定	不稳定
DX-23	丁家潜在滑坡	土质	180	600	35	13.18	197.77	不稳定	不稳定
DX-24	康家南潜在滑坡	土质	160	500	35	9.76	117.19	不稳定	不稳定
DX-25	康家潜在滑坡	土质	320	400	35	15.63	328.15	不稳定	不稳定
DX-26	石拉泉潜在滑坡	土质	600	550	38	41.88	837.55	基本稳定	不稳定
DX-27	果园潜在崩塌	岩质	3	200	75	0.23	0.92	不稳定	不稳定
DX-28	阳洼山潜在滑坡	土质	450	1 100	38	62.82	1 507.41	不稳定	不稳定
DX-29	西湾东南潜在滑坡	土质	200	1 000	40	26.11	156.65	不稳定	不稳定
DX-30	牟家湾潜在滑坡	土质	750	1 400	36	129.79	2 595.74	不稳定	不稳定
DX-31	牟家岭潜在滑坡	土质	250	800	41	26.50	159.00	不稳定	不稳定
DX-32	老庄潜在滑坡	土质	340	400	30	15.70	314.08	不稳定	不稳定
DX-33	苦改里潜在滑坡	土质	300	700	30	24.25	436.47	不稳定	不稳定
DX-34	上乔文潜在滑坡	岩质	300	400	30	13.86	96.99	不稳定	不稳定
DX-35	锁南潜在滑坡	土质	110	450	32	5.84	93.39	不稳定	不稳定
DX-36	马勺潜在滑坡	土质	150	350	30	6.06	90.93	不稳定	不稳定

2. *泥石流*

通过以往野外调查对泥石流形成条件综合分析，并依据泥石流易发程度分级标准(见表4.13)进行综合判别，县内易发泥石流沟有4条，占灾害泥石流沟总数的10%；中等易发泥石流沟35条，占总数的87.5%；低易发的泥石流沟1条，占总数的2.5%。可以看出，东乡县境内以中等易发泥石流沟为主，大部分沟谷型泥石流均为中等易发，其规模较大，成灾比较严重，而坡面型泥石流沟易发程度较高，其数量较多，分布分散，规模较小，主要对水渠、农田、公路构成危害。

县内山高坡陡，相对高差较大，泥石流产流、汇流迅速，冲击力强，爆发突然，人们难以预料和防备，因而给当地经济建设和人民生命财产带来严重的威胁和损害。县内泥石流成灾范围集中于泥石流沟口，由于流域内坡陡谷深，地势陡峻，居民一般居住于地势较高的沟台地、滑坡堆积坡体及地形和缓且开阔的梁面上，部分流域中游或中上游很少有居民居住，如洮河沿岸的沟谷拉砂沟、洞子沟、塔石沟、八担沟等，泥石流对流域内居民危害甚微。

表 4.13 泥石流易发程度分级标准

易发程度	发育特征、影响因素及综合评分
易发	崩塌、滑坡等重力侵蚀严重，表土疏松，冲沟十分发育，植被遭严重破坏，水土流失强烈；坡陡谷深，沟床纵比降大，沟道堵塞严重，泥沙沿程补给长，泥石流扇发育，沟内松散物质贮量大于 10 万 m^3/km^2，泥石流沟综合评判总分≥114。
中等易发	崩塌、滑坡等重力侵蚀比较严重，冲沟发育，植被遭受较大程度破坏，水土流失严重；沟床纵比降较大，泥沙沿程补给长度比 30% ~60%，沟道堵塞程度中等，泥石流堆积扇属中小型，沟内松散物质补给量多在 5 ~ 10 万 m^3/km^2，泥石流沟综合评判总分 84 ~ 114。
低易发	流域内侵蚀较弱，植被覆盖较好，沟坡较缓，沟床纵比降多小于 105‰，泥沙沿程补给段长度小于 30%，沟道堵塞较轻，泥石流扇小或无扇，沟内松散物质补给量小于 5 万 m^3/km^2，泥石流综合评判总分小于 84。

注：泥石流易发程度分级标准源于《县(市)地质灾害调查与区划基本要求》。

县内泥石流成灾形式主要包括：

(1)危害和威胁城镇、村寨，造成人员伤亡和房屋毁坏

对于山大沟深，沟壑密集，地形破碎，生存环境恶劣的东乡县居民而言，河谷川区不仅是得天独厚的最佳居住地带，也是东乡县主要的工农业生产区。东乡县有 8 个乡镇、56 个行政村坐落于洮河、大夏河、巴谢河沿岸阶地或泥石流堆积扇上，该地带人口密集，居住人口约 7.2 万人，占全县总人口的 27.6%，平均人口密度近 1 380 人/km^2，泥石流直接损害和威胁他们的安全。据调查统计，近 50 多年来，县境内泥石流灾害造成 4 人伤亡，直接经济损失达 407.83 万元。

(2)淤埋农田，破坏耕地

河谷川区地势开阔平坦，土壤适中，水肥条件好，是东乡县粮食主产区，县内大部分泥石流堆积区均被开发利用，或为建筑利用，或辟为耕地，当地居民为增加农业收入，减少人多地少的矛盾，将部分沟道内易受泥石流淹没的沟谷地、缓坡地辟为耕地，这是受自然条件限制的无奈选择，也是泥石流灾害比较严重的根源所在。

(3)毁路毁渠、阻断交通，破坏水利及农用设施

东乡县境内沿洮河、巴谢河、大夏河沿岸修建的公路大部分穿过泥石流堆积区或影响区，其路面较窄且标准低，而采用预制板砌成的农灌水渠多顺公路并行，公路和水渠很容易被泥石流冲毁或淤埋。调查的 40 条灾害性泥石流沟大部分对公路及水渠构成危害或威胁，如大夏河下游的多条泥石流沟常对公路及东干渠造成危害，而唐汪乡一排沟到碎石沟之间的公路路段常遭泥石流淤埋，常年开挖清淤，使公路路面低于泥石流堆积扇面达 1.5 ~4 m。

五、典型地质灾害及隐患点

前已述及，受地形地貌、地质构造、岩土体性质、降雨及人类活动等综合性因素影响，

县内地质灾害发育，滑坡、泥石流成群分布，灾害数量多，规模大，危害严重。在此选取一些典型地质灾害点，以具体阐述本区地质灾害的形成条件、诱发因素、稳定性及危害程度，在此基础上，对县内重要地质灾害的危险性和危害性程度进行预测和评价，为防灾预案和防治规划方案的制订打下基础。所选的典型灾害点其典型性主要表现在以下一个或几个方面：一是危害县城、乡镇或大的村寨，成灾严重；二是其地形地貌、岩土体结构、人类活动等形成条件和影响因素在同类灾害中具有代表性；三是灾害隐患规模大，稳定性差，影响严重，作为地方规划防治的重点；四是发育具有一定的特殊性。除本次发生滑坡的锁南坝地质灾害点外，选取 1 个滑坡灾害点、1 个滑坡隐患点（不稳定斜坡）、2 条泥石流沟及 2 处地裂缝予以介绍。

1. 洒勒山滑坡

洒勒山滑坡位于果园乡，处于巴谢河中下游河谷北岸，巴谢河流域是县内滑坡、泥石流灾害严重发育区之一，特别是流域北岸重力侵蚀作用强烈，冲沟发育，地形破碎，滑坡成群发育，规模大，数量多，分布的滑坡有洒勒山滑坡、红庄滑坡、王家滑坡、胡浪沟滑坡等。1983 年 3 月 7 日发生的洒勒山滑坡是东乡县境内近百年来发生的最为严重的地质灾害，以此作为该区滑坡之典型叙述。

（1）滑坡区地形

该处巴谢河河谷地形开阔，巴谢河向南岸侵蚀，北岸二级阶地阶面平坦，宽 270～420 m，高出一级阶地 4～5 m，一级阶地及河漫滩宽 28～55 m。处于北岸的洒勒山滑坡在形成前其斜坡呈阶梯状，由三级台地即古滑坡台地、老滑坡台地及二级阶地组成，洒勒山最高点 2 283 m，巴谢河河床高程 1 962 m，形成相对高差达 321 m 的阶梯状临空面。形成后的滑坡总体地形呈掌状，滑坡长 1 400～1 600 m，宽 700～1 100 m，后壁呈圈椅状陡壁，坡度 48°～53°，坡高 150～200 m。滑坡后部呈不规则丘状台地，相对高差 25～120 m，台面宽 160～200 m，其东侧较完整，后缘呈凹槽状地形，发育有东西向展布的串珠状落水洞；滑坡体中前部总体呈缓坡台地，坡度 8°～12°，坡面凹凸起伏，部分被人为改造，堆积体高出二级阶地 20～30m；前缘受巴谢河地表水流冲蚀呈陡坡，坡高 18～25m。滑体物质松散，侧缘及前缘冲沟侵蚀较强。

（2）地层岩性

洒勒山斜坡滑动前为多层状结构，从坡顶至坡脚依次出露上更新统马兰组、中更新统离石组、上第三系上新统临夏组以及第四系滑坡堆积层和河流冲积层。现由老至新分述于下：

①上第三系上新统临夏组（N_2L）

第四岩段（N_2L^4）

上部是一套橘红色、浅橘红色的厚层状黏土质粉砂岩，地层产状近于水平，层理清晰，裂隙发育，厚度 105 m；底部厚 25 m 左右，上下各为一层厚 2～3 m 的灰色砾岩，裂隙发育，胶结不均一，间夹交错层明显的黏土质粉砂岩透镜体和淡黄色钙质结核或钙质团块层。

第三岩段（N_2L^3）

主要是一套棕红色粉砂质泥岩，少量黏土质粉砂岩，裂隙发育。上部夹条带状灰绿色含粉砂泥岩和三、四层厚度不等(0.5 ~1 m)的灰绿色泥灰岩;中下部泥岩含石膏晶体,厚度93 m。

②第四系(Q)

中更新统离石组(Q_2)

为一套以风积为主的浅橘黄色黄土,结构致密,断口呈贝壳状,节理发育,顶部有一层厚3.5m的棕黄色古土壤层,厚70 m左右,与下伏临夏组呈不整合接触。

上更新统(Q_3)

滑坡堆积层($Q_3{}^2$):组成古滑坡体,是一套由滑动后的临夏组黏土质粉砂岩、粉砂质泥岩、砾岩和泥灰岩、老黄土等构成的混杂堆积物,结构较疏松,其上覆盖15 ~20 m厚的马兰黄土,厚度小于60 m。

马兰组($Q_3{}^2$):系风成黄土,广泛分布于分水岭和斜坡地段,呈浅黄色,大孔隙及垂直节理发育,披覆于其他老地层之上,厚度15 ~55 m。

全新统(Q_4)

滑坡堆积层(Q_4^1):构成老滑坡体,是一套滑动的马兰黄土、老黄土、临夏组的粉砂质泥岩、黏土质粉砂岩、泥灰岩和砾岩混杂堆积物。滑体覆盖在Ⅱ级阶地砾卵石层之上,其后又被河流侵蚀,在残留的滑体上堆积了冲积相亚黏土。

冲积层(Q_4^1):组成Ⅱ级阶地,上部为褐黄色粉土质亚黏土,含细砾,该层底部为灰黑色粉土质亚黏土,厚8 ~23 m;下部为砾卵石层,厚1.5 ~5 m。

冲积层(Q_4^2):构成Ⅰ级阶地及漫滩,主要是松散的砂砾卵石层,砾石成分与Ⅱ级阶地基本相同。上部有0.5 ~12 m厚的含砾亚黏土,下部砂砾卵石层厚1 ~7 m。

现有的滑坡堆积物质松散,岩性为黄土状土及泥岩、砂质泥岩、砾岩堆积,其上部以黄土状土为主,下部多为临夏组碎屑、碎块堆积,厚度22 ~57 m,见图4.1。

(3)水文地质条件

洒勒山斜坡地段水文地质条件单一,分布两类潜水。斜坡上段临夏组第四岩段底部砾岩,与第三岩段粉砂质泥岩接触面的低洼部位,砾岩中有层间孔隙潜水呈脉状溢出成泉,出露高程2 075 ~2 085 m,流量仅2.07 ~9.85 m^3/d,主要接受西部地下潜流的补给,不能构成具有统一潜水面的含水层,泉水大部分被沟谷排泄和蒸发。斜坡前缘是河谷孔隙潜水分布区,主要含水层是河漫滩和Ⅰ级阶地砂砾卵石层,水位埋深1.7 ~3.4 m,含水层厚度1.2 ~6.1 m。Ⅱ级阶地只在基座低洼处局部含水,且水量不均一。补给源来自上游潜流和侧向沟谷潜水,斜坡中段古、老滑坡基本不含水。

(4)滑坡基本特征

洒勒山滑坡是一高速、远程巨型滑坡,1980年洒勒山坡顶出现裂缝,斜坡中部也同时产生拉张裂隙,其后裂缝不断加宽、加深、加长,滑移前地裂缝宽约2.0 m,长达数百米,深百余米,土体不断塌落,出现泉水变浑、山鸣地动和水窖压偏的前兆现象。滑动时古滑坡先起动,紧接着后缘山体整体滑塌,以其巨大的势能推动古、老滑坡和Ⅰ、Ⅱ级阶地向开阔的河谷高速滑动,滑舌直达巴谢河对岸,受阻后仍爬高10多m才停止滑动。

整个滑坡体其形态、结构及构造有一定差异,可分为北部块体滑动区和南部碎块、碎屑堆积区(见图4.2)。北部块体滑动区即后部及后缘的不规则状滑坡平台和滑坡洼地,

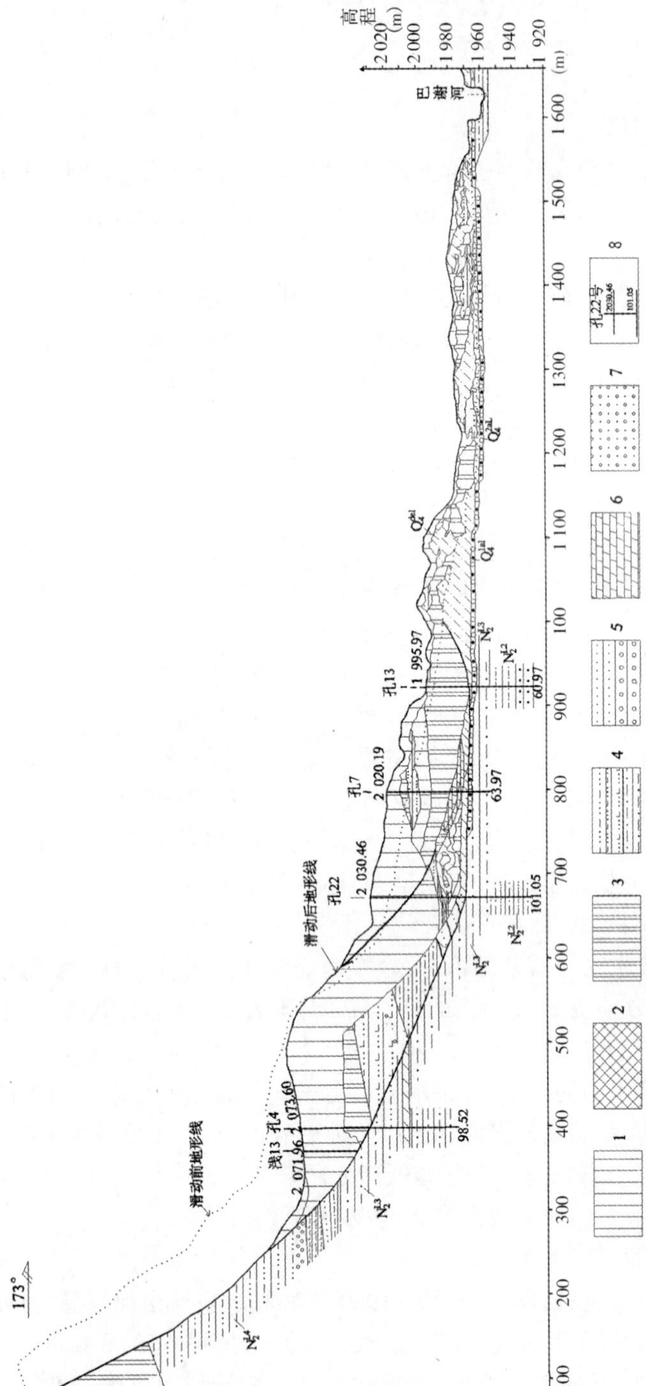

1.马兰黄土; 2.古土壤; 3.离石黄土; 4.粉砂质泥岩(含钙质结核)、砂质泥岩; 5.细砂岩、砾岩; 6.泥灰岩; 7.砂砾卵石; 8.钻孔编号、孔口高程、孔深

图4.1　洒勒山滑坡地质剖面图

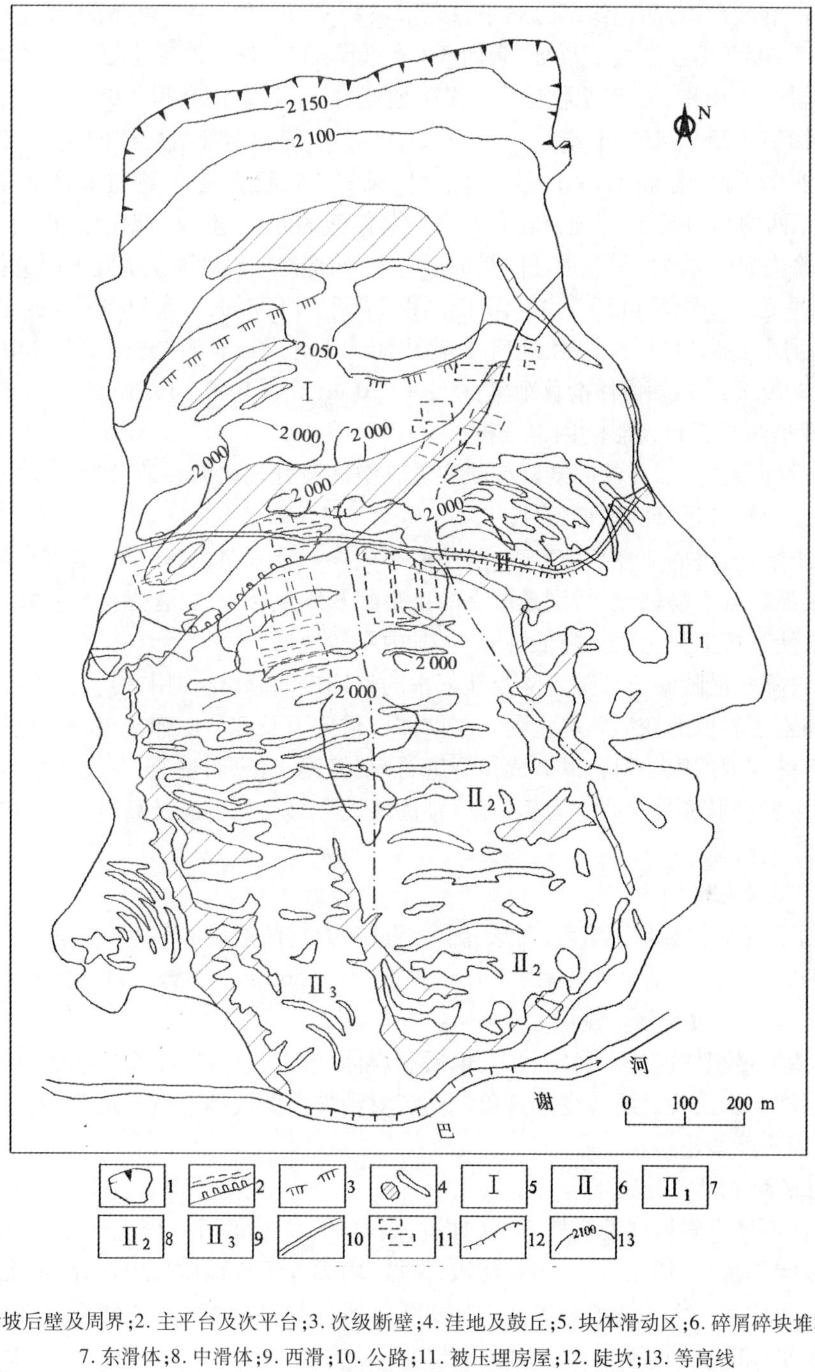

1. 滑坡后壁及周界;2. 主平台及次平台;3. 次级断壁;4. 洼地及鼓丘;5. 块体滑动区;6. 碎屑碎块堆积区
7. 东滑体;8. 中滑体;9. 西滑;10. 公路;11. 被压埋房屋;12. 陡坎;13. 等高线

图 4.2　洒勒山滑坡平面形态图

滑坡主洼地东西向延伸呈“弯月形”,堆积物质来源于滑坡后壁塌落物;滑坡平台系洒勒山斜坡分水岭的滑塌体,其地层层序正常,结构完整。南部碎块、碎屑堆积区可分为东、中、西三部分,均为原古、老滑坡再次滑动。东滑坡体多呈块状,主体部分呈一扇状地形,滑动前为古滑坡台地，而边缘部分属于原老滑坡物质，滑动面呈上陡下缓的"勺"形，上中段倾角 33° ~45°，下段滑面成反坡，倾向 330 °，倾角 3° ~13°，滑床主要是老滑坡的黄土、泥岩夹砾岩的堆积物，剪出口附近为二级阶地亚黏土，其平均高程 1 987 m，高出河床 15 m。其水平滑距 250 ~450 m，滑速 4. 5 ~8. 2 m/s。中部和西部滑坡体的主体部分都是由一系列东西向延伸、南北向排列的鼓丘、洼地构成的波状起伏地形，物质来源于古、老滑坡，但两滑体东西两侧的鼓丘、洼地分别有向南向北偏转的趋势，形成向南西撒开的帚状地形，土体多呈碎块。中部滑体呈弧形垅岗状地形。中、西部滑坡滑动面呈上陡下缓的折线形，上部倾角 33° ~52°，下部倾角 33° ~45°，滑面高程 2 065 ~1 973 m，滑床为临夏组泥岩夹泥灰岩及砂砾卵石层，剪出口位于一级阶地前缘，高出河床 3 m。中部滑体滑移距离640 ~1 090 m，滑速 11. 6 ~19. 8 m/s；西滑体滑移距离 600 ~1 020 m，滑速 10. 9 ~18. 5 m/s。

(5) 滑坡形成条件及影响因素分析

①相对高差达 321 m 的高陡阶梯状斜坡临空面及开阔的河谷地形为洒勒山滑坡提供了能量基础及滑坡运行的地形条件。

②黄土疏松，垂向节理裂隙发育，降雨易于入渗。临夏组以紫红色、橘红色泥岩为主，裂隙发育，泥岩遇水易软化，特别是所夹的条带状灰绿色泥灰岩，含黏土矿物高，遇水极易软化膨胀，使其抗剪强度大大降低，构成了县内易滑地层。

③大气降水沿陡倾角裂隙入渗及地下水的长期浸润、软化作用，使岩土体抗剪强度不断降低，加剧了斜坡的变形破坏过程。受坡体自重应力及卸荷回弹作用，经过长期的累进性破坏，各种成因裂隙的组合发展成拉裂缝，拉裂缝逐步扩展、贯通，在坡脚处即古滑坡转折部位的泥岩段形成最大剪应力集中区，锁固段泥岩被突然剪断及高能量的突然释放，形成高速远程的滑动。

(6) 人员及资产损失

洒勒山滑坡直接毁埋了宗罗、苦顺、洒勒、青庄四个社，造成 277 人死亡，63 户村民被埋压，毁房 670 余间，3 座清真寺及宗罗村小学被毁，毁地 560 亩，直接经济损失近 214 万元。

(7) 稳定性评价及预防建议

目前滑坡堆积体已处于稳定状态，但后壁坡体陡峻，土体疏松，有失稳的可能，现场调查及访问，坡顶未出现裂缝等变形迹象。建议对滑坡后壁坡体进行不定期观察，滑坡后部台地上及周边严禁建房。

2. 高家社不稳定斜坡

高家社不稳定斜坡地处柳树乡马白虎村高家社，位于黄河一级支沟——池地沟中上游，该地段沟谷密集，切蚀强烈，沟坡陡峻，滑坡、坍塌等不良地质现象发育，依次展布有壑岘社滑坡、大坊和高山等滑坡隐患点，自 1999 年 5 月壑岘社再次滑坡堵断河道，形成堵塞湖，受地表水体的浸润，其上游沟道两侧坡体多处失稳，滑坡、滑塌不断发生，幸未造成灾害。这也是高家社斜坡失稳的主要诱发因素，该区域是境内地质灾害易发区。

(1) 地形地貌

属深切割黄土覆盖的丘陵沟壑区，高家社斜坡处于池地沟左岸。该处沟壑密集，主沟走向呈北东南西向，两侧支沟发育，切割强烈，沟谷均呈窄深的"V"形，切深 150 ~340 m，两侧沟坡坡度 28° ~50°。坡面黄土落水洞，陷穴及裂缝发育，坍塌、滑坡等不良地质现象发育,部分坡面受人为改造呈阶梯形。高家社斜坡就处于池地沟主沟与东西向展布的支沟交汇处。

(2)地层岩性

斜坡出露岩性:上部为马兰黄土,结构疏松,垂向裂隙及陡倾角节理裂隙发育。马兰黄土顺坡覆盖于临夏组之上,岩土接触面产状,坡顶其厚度较大,向坡脚处趋薄,厚度在8~30 m之间。其下缺失中更新统离石黄土。下部为第三系上更新统临夏组,岩性为橘红色泥岩、砂质泥岩夹粉砂岩,地层产状近于水平,裂隙发育。

(3)斜坡特征及变形破坏现象

该处斜坡呈折线型坡形,坡脚处呈陡坡,坡度43°~58°,坡高60~80 m;中部较缓,总体坡度32°,坡面受人为建房开挖及修建梯田改造呈阶梯状;后部坡度增大,平均坡度36°。整个斜坡相对高差近300 m,目前中下部坡体处于明显的不稳定状态,高家社村民居住区中部及村后多处出现地裂缝,裂缝始现于2001年4月,现裂缝宽2~10 cm,长100~500 m不等,裂缝走向与池地沟走向接近,裂缝带宽50~80 m,裂缝部分地段发育成落水洞,洞径0.4 m,深大于2.0 m。村民耕地出现明显的错坎、陷槽,陷落幅度0.1~0.3 m,居民房屋、清真寺裂缝变形。每逢降雨,雨水灌入裂缝,村民查看坡脚及附近地带未见溢水点,据村民讲,雨后夜晚有时可听见地裂声。

(4)斜坡稳定性及变形破坏趋势分析

目前高家社斜坡明显处于不稳定状态,斜坡处在蠕滑拉裂及复杂的累进性破坏阶段,滑动面尚未贯通。未来的破坏方式将以滑坡的形式出现,推测滑动面有两处:一是沿岩土接触面滑移,形成中层土质滑坡,主滑方向近86°,厚度8~14 m;二是沿临夏组泥岩及砂质泥岩剪出,形成中层或深层滑坡,坡脚陡坡段形成剪应力集中区,目前能量在逐步积累,到一定阶段突然释放,将形成高速滑动。无论是哪种形式的滑坡均将对高家社村民造成毁灭性的灾害。见图4.3。

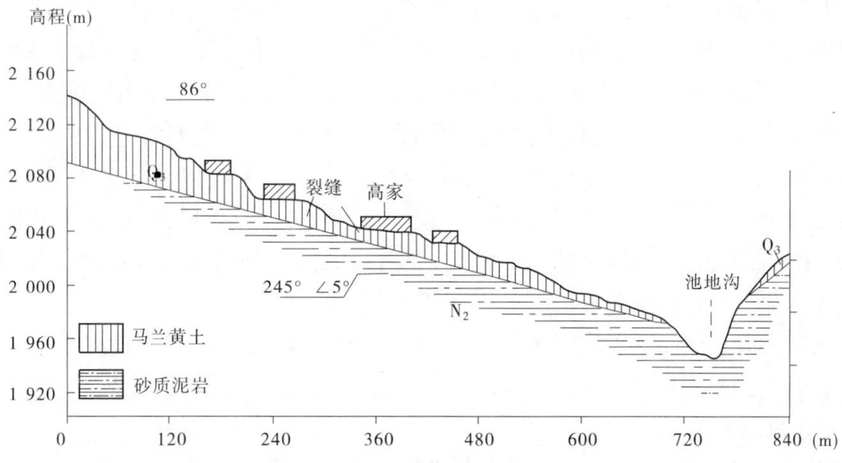

图4.3　柳树乡白马虎村高家社不稳定斜坡坡面图

(5)不稳定斜坡形成及影响因素分析

高家社斜坡的失稳及未来滑移受多种因素影响,主要有以下几个方面:

①坡陡谷深,相对高差大,坡体两面临空,斜坡具有滑移破坏的势能及地形条件。

②下游鏊岘滑坡堵塞沟道成库,丰水季节库水浸润坡脚及地表洪流长期冲刷坡脚,是诱发该处斜坡失稳的主要诱发因素。据村民讲,丰水季节库水可回淹至斜坡上游近 1.0 km,高家社斜坡坡脚处水位上升 15 ~18 m。

③黄土—泥岩特殊的岩性、结构是斜坡变形破坏的内在条件。

④大气降水沿裂缝渗入及地下水的长期软化、潜蚀,降低了岩土体力学强度,加速斜坡的变形破坏。

(6)威胁人身及财产安全

该处斜坡失稳将直接威胁高家社 28 户居民、145 人安全,损失房屋 280 间,清真寺 6 间,农田 270 亩,潜在经济损失 66.4 万元。

3. *拉砂沟泥石流*

县内洮河沿岸泥石流沟成群分布,是境内泥石流成灾最为严重的地带,其形成有适宜的自然地质背景条件,也有人为因素的影响。拉砂沟地处洮河左岸,位于达板镇西侧,由于流域内人为炸山采石,堆积大量固体松散物质,人为加剧泥石流灾害的发生,该沟泥石流直接威胁达板镇人民生命财产的安全。

(1)基本概况

拉砂沟属洮河一级支沟,流域形态似不规则的栎叶状,面积 18.77 km^2,相对高差 540 m,流域内山高坡陡,侵蚀强烈。主沟展布呈北东南西向,呈蛇形弯曲,长 8.74 km,两侧发育支沟近 17 条,发育密度近 2 条/km^2,沟谷均呈窄深的“V”形,切割深度在240 ~300 m,主沟中上游谷底宽多小于 12 m,下游即近沟口处宽 18 ~20 m,主沟沟床平均纵比降 117%,支沟比降 210%。主、支沟沟坡坡度在 40° ~55°,部分沟段及近沟口处呈直立陡壁。堆积区人为改造强烈,原始堆积地形已不明显,达板镇即坐落于泥石流堆积区(见图 4.4)。

流域内出露上第三系上新统临夏组,分布于流域中游主沟及其支沟内,岩性主要有砂岩、砂砾岩、砂质泥岩等。近沟口处出露加里东中期侵入岩——闪长岩、石英闪长岩,其与临夏组呈断层接触,断裂两侧构造裂隙及风化裂隙发育,岩体破碎。马兰黄土覆盖于流域内梁峁及沟坡,厚度较大,结构疏松。流域内山高坡陡,面状侵蚀及冲沟切蚀强烈,属一级水土流失区。主沟中上游及两侧支沟内黄土滑坡、坍塌发育,规模较小,数量多,物质松散,极易被水流冲蚀。近五六年以来,当地群众在沟内炸山采石以作为建筑石料,特别是兰临高速公路开工以来,其开采强度迅速增大,形成机械化采运局面,造成大片沟坡岩土体松动,大量松散物质在沟内堆积。经调查估算,流域内可补给泥石流的固体松散物质达 690.7 万 m^3,其中人工采掘造成的弃石弃土堆积量 11.3 万 m^3。

流域内降雨量较小,年平均降水量 250 mm,降雨集中在 6 ~9 月,且多以暴雨的形式出现,暴雨雨量占年降水量的 47%。高强度降雨直接诱发该沟泥石流形成。

(2)泥石流发育特征

拉砂沟原属稀性泥石流沟,十多年以前发生的泥石流其粗大颗粒所占比重较小,泥石流主要补给来源集中于流域中上游主、支沟内滑塌体及面状冲蚀物质,泥石流形成以主、支沟逐步冲蚀汇流为主,其暴发频率相对较低。近几年来,泥石流暴发频率有增高的趋势,容重在不断增加,中上游主、支沟汇流冲蚀下游主沟内堆积物质,使其容重、能量迅速

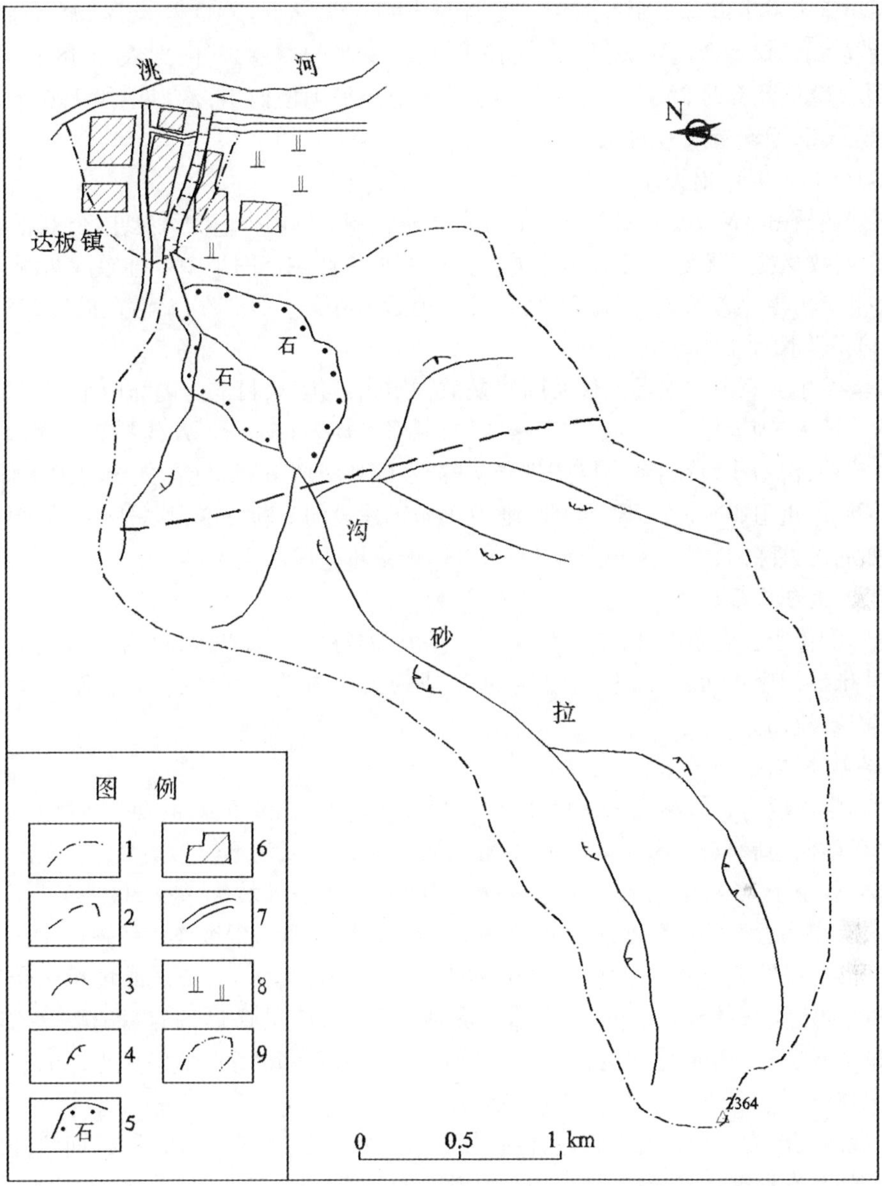

1. 流域界线;2. 断层;3. 滑坡;4. 坍塌;5. 采石区;6. 建筑物;7. 公路;8. 农田;9. 威胁区

图 4.4　达板镇拉砂沟流域形态及泥石流威胁范围

壮大,冲出沟口,对达板镇造成灾害。

该沟历史上多次爆发泥石流,其爆发频率为 3 ~5 年,但造成灾害较轻,以 1976 年 7 月发生的泥石流灾害较为严重,造成 17 户居民房屋进水、淤砂,毁坏房屋 21 间,淤埋农田 40 亩,直接经济损失 8.2 万元。20 世纪 80 年代后期,随着经济建设及乡镇建设的发展,为减轻拉砂沟泥石流灾害,达板镇在原来自然排导基础上,逐步开挖并在不同沟段修建土堤、垒石堤、浆砌块石防护堤,目前形成了宽 6 ~8 m,高 1.3 ~2.4 m 的人工排导沟,其后十余年一直未发生灾害。而近两年来泥石流灾害连续发生:2000 年 7 月,泥石流涌入达板镇街道,街面淤砂 20 多 cm,11 户居民家中进水,8 间房屋毁坏,毁农田 48 亩,损失近 6.4 万元;2002 年 6 月 25 日,暴雨引发的泥石流几乎满槽而出,沟口地段泥石流溢出沟槽,淹埋公路,幸未造成大的灾害。

(3)人员及财产损失评估

根据达板镇坐落区地形及往年泥石流危害及影响范围调查,并考察县内企事业单位、居民分布、人数及资产状况,确定拉砂沟泥石流主要危害影响范围集中于排导沟两侧,并以北侧的公路、商贸区为主,威胁居民 2680 多人,房屋 940 余间,农田 76 亩,潜在损失 278 万元。

(4)危险性评估与预测

该沟发生泥石流的地形条件及固体松散物质条件优越,目前沟内炸山采石规模、范围仍在不断扩大,固体松散物质量在不断增加,泥石流规模有不断增加的趋势。而沟口排导沟质量较差,沟槽浅,特别是沟口处排导沟深仅 1.3 ~ 1.5 m。目前,排导沟内土体、垃圾堆积严重,严重阻碍水流。不仅如此,随着小城镇建设的不断发展,其居民人数、单位不断增多,如遇足够降雨,爆发大规模泥石流,对达板镇将造成深重灾难。

4. *胡麻沟泥石流*

胡麻沟位于县内东南部,地处东乡县达板镇,属洮河一级支沟,该沟泥石流的频繁发生,使其排导沟逐年抬高,成为"地上悬河",成为县境内易发程度高,灾害隐患大且非常危险的泥石流沟。

(1)基本概况

胡麻沟流域形态似不规则扇状,面积 3.98 km^2,相对高差 520 m(见图 4.5)。主沟总体呈北东南西向展布,长 3.8 km,中、上游主沟呈"Z"字形,沟道较为狭窄,谷形呈"V"形,谷低宽一般小于 20 m,沟床纵比降 120‰ ~ 250‰,两侧谷坡坡度多在 30° ~ 50°。两侧支沟发育,有支沟近 11 条,发育密度 10 条/km^2,地形破碎,重力侵蚀作用较强。主沟下游沟道比较开阔,呈"U"形沟谷,沟床纵比降 60% ~ 120%,谷底宽 18 ~ 23 m;堆积区受人为改造、控制,形成笔直的狭长状堆积和排导堤地形,其断面呈梯形,高出两侧一级阶地达 10 ~ 12 m,顶宽近 20 m,排导沟宽 18 m,两侧土堰高 1.0 ~ 1.5 m,堰宽不足 1 m,整个导流堤长达 700 m。

流域内大部为马兰黄土覆盖,岩性疏松,垂向节理裂隙发育,沟坡陡峻,面状侵蚀及冲沟切蚀强烈,发育有众多滑坡、坍塌,其规模小,数量多,部分成群分布。中上游主、支沟沟底有少量上第三系上新统临夏组出露,岩性为紫红色砂砾岩、泥岩。沟口出露中更新统冲积层,组成洮河三级阶地,其不整合于临夏组之上,形成坡度平缓的台地状地形,其岩性组成:下部为砂砾卵石层,厚 4 ~ 6 m,砂砾卵石分选、磨圆较好,胶结差,易被开采利用,是良好的建筑砂石料;上部以黄土状亚黏土为主,夹有薄层砂砾石层。经数十年的采砂,胡麻沟沟口附近已形成约 2.6 万 m^2 的采砂区,目前其开采范围及强度仍在进一步加大,为该沟泥石流形成提供了大量松散固体物质,这也是该沟泥石流频繁发生的主要原因。估算流域内可补给泥石流的固体松散物质达 65.7 万 m^3。

县内降水量较少,年降水量一般在 200 ~ 300 mm,但降水主要以暴雨的形式出现,占全年降水量的 67%,降水集中于每年 6 ~ 8 月,暴雨多且强度大,诱发该沟泥石流频繁发生。

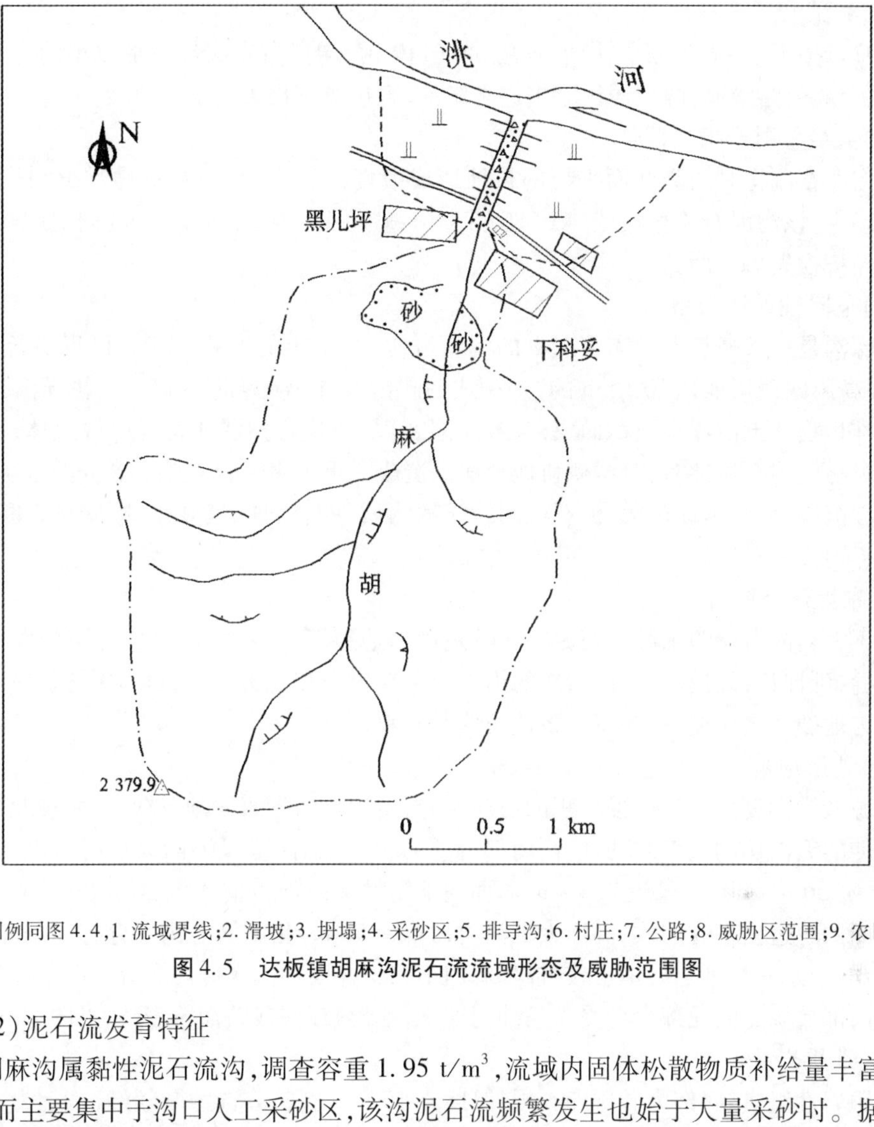

图例同图 4.4,1. 流域界线;2. 滑坡;3. 坍塌;4. 采砂区;5. 排导沟;6. 村庄;7. 公路;8. 威胁区范围;9. 农田

图 4.5 达板镇胡麻沟泥石流流域形态及威胁范围图

(2)泥石流发育特征

胡麻沟属黏性泥石流沟,调查容重 1.95 t/m^3,流域内固体松散物质补给量丰富,分布广泛,而主要集中于沟口人工采砂区,该沟泥石流频繁发生也始于大量采砂时。据访问,该沟大量掏砂、采石始于 1950 ~ 1952 年,在此之前,泥石流自然排导沟与两侧耕地(一级阶地)齐平,近 50 年采砂使该沟泥石流规模、频率逐步增大,堆积区不断淤高,为保护耕地,当地居民顺自然沟道不断垒土填筑而围拦泥石流,边淤边挖边垒,逐步形成了现有的狭长状泥石流堆积和导流堤,仅仅 50 年的时间,泥石流淤积厚度达 10 ~ 12 m,堆积方量近 23.1 万 m^3,年平均淤积速率达 20 多 cm,年均冲出量 4 620 m^3。近几年来,泥石流频繁发生,每年必须用推土机清理、开挖排导沟,并不断加高两侧土堰,导流堤高度仍在不断增加。据当地群众在排导沟内开挖的砂坑(深 2.7 m)观察,泥石流堆积物呈层状,层厚多在 20 ~ 30 cm,部分层厚近 70 cm。

松散的土堤及特殊的排导地形导致该沟泥石流灾害频繁发生,每 1 ~ 2 年总有泥石流毁堤漫流、毁埋耕地。近 20 余年来共造成两次严重的灾害:

1989 年 7 月,泥石流冲溃堤坝,毁埋耕地 450 亩,造成粮食及经济作物绝收,直接经济损失 18 万元。

2002 年 6 月,泥石流溃堤漫流,埋压耕地 110 亩,沟口右岸决堤后形成小的泥石流堆积扇,洪流顺公路漫流,两户居民家中进水淤沙,直接经济损失约 5.7 万元。

(3)人员及财产损失评估

该沟泥石流将对两侧低而平坦的耕地造成毁埋性灾害,并直接威胁部分村民安全。经调查确定,该沟泥石流直接威胁 1 580 亩良田,威胁 4 户居民 19 人和 48 间房屋安全,潜在直接经济损失 71 万元。

(4)危险性评估与预测

胡麻沟是一条高易发的灾害严重的泥石流沟,数十年的淤积、垒筑,已形成长达 700 多 m,并高出两侧川地达 10 余 m 的“地垒式”排导沟,并仍在不断淤高。而排导沟(堤)属泥石流堆积物和土体逐步垒积而成,未曾加固处理,两侧防护围堰均为松散土体,高不足 1.5 m,极易被泥石流冲溃,对两侧耕地及居民造成严重灾害。自兰临高速公路开工以来,沟内采砂范围、强度迅速扩大,泥石流固体松散物质不断增加,其规模、频率在不断增高,造成灾害则实属必然。

5. 东塬区地裂缝

位于大夏河右岸的东塬乡东塬村一带是境内地裂缝严重发育区之一,该处发育有两条地裂缝,延伸长,规模较大,已造成的损失及潜在损失和危害严重,目前裂缝仍在不断发展。作为地裂缝之典型,在此将两条地裂缝归并叙述。

(1)地形地貌

东塬区为大夏河右岸侵蚀堆积的黄土台塬,属大夏河Ⅳ级阶地,整个台塬被北西—南东向延伸的毛沟切割成南北两部分,南部台塬面积大,总体呈弧形向大夏河凸出,塬面开阔平坦,宽 500 ~ 700 m,长近 2.4 km,塬面向下游及大夏河方向缓倾,坡度 6° ~ 8°。沿大夏河的西侧塬边呈直立陡坎,高出大夏河河面 40 ~ 50 m;北侧沿毛沟发育有多条冲沟,沟宽 8 ~ 16 m,切深 4 ~ 10 m,地形较破碎,塬面不完整并向冲沟缓倾。东塬区两条地裂缝即发育于南部台塬。而北部台塬受多条冲沟切割,地形破碎,残缺而不完整,见图 4.6。

(2)地层岩性

台塬岩性组成:底部为砂砾卵石层,厚度 4 ~ 5 m,稍密,分选磨圆较好,其上为黄土状亚黏土夹 2 ~ 3 层薄层(原小于 0.15 m)砂砾石层,结构较疏松,厚度近 6.0 m;上部覆盖厚 33 ~ 35 m 的马兰黄土,疏松,垂向裂隙发育;地表为一层厚 0.4 ~ 0.5 m 的浅灰黑色耕土层,松散,富含植物根系。Ⅳ级阶地属其座阶地,其与上新统临夏组呈不整合接触,塬区未见临夏组出露,而大夏河左岸沿谷底临夏组砂砾岩出露明显。

(3)地裂缝特征

东塬区发育有两条地裂缝,裂缝走向总体与大夏河展布方向一致,两条裂缝间距 300 ~ 500 m。东部地裂缝始现于 1998 年,裂缝走向 NE18°,延伸长 450 ~ 500 m,基本呈直线形单缝发育,目前地裂缝宽 3 ~ 8 cm,最宽处 30 余 cm,沿裂缝形成陷落坑槽,现已被居民夯填。沿裂缝两侧部分地段出现长 8 ~ 20 m,宽 1 ~ 5 cm 的次级小规模裂缝,形成宽 10 ~ 15 m的裂缝带(段)。西部地裂缝始现于 2002 年 8 月初,出现在第一次秋灌之后,裂缝基本连续呈弧形展布,方向近南北向,延伸长 700 ~ 800 m,呈群缝发育。该条裂缝延伸

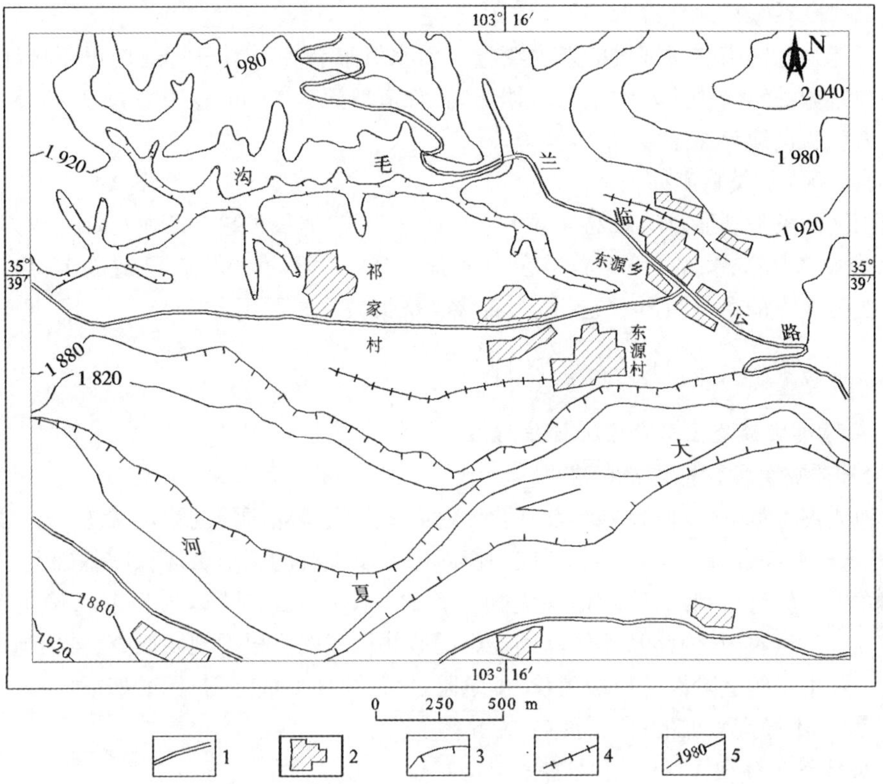

1. 公路;2. 村庄;3. 陡坎;4. 地裂缝;5. 等高线

图 4.6　东源乡地裂缝平面图

长,规模较大,裂缝发育特征有一定差异:南端裂缝延伸方向较为杂乱,主体呈南北向展布,而部分呈东西向,局部地段呈弧形弯曲,一般裂缝宽 3 ~ 20 cm,目前一些地段已形成宽 10 ~ 20 m 的裂缝带,东塬村马台英家住房附近裂缝最为发育;中部及北端受耕地及庄稼影响,地面现有地裂缝延伸时断时续,据村民指证,沿裂缝形成 3 ~ 4 个洞径 1 ~ 3 m,深 2. 3 ~ 2. 5 m的落水洞,预制砖砌水渠有错移拉裂形象,林家村部分村民房屋开裂、变形,裂缝影响带宽近 40 m。

(4)水文地质条件

塬区周边及塬内冲沟内未见地下水露头,村民在塬面中部开挖大口井(深 15 ~ 18 m)未见地下水。据访问,丰水年沿大夏河塬边陡坎底部砂砾卵石层中有水渗出。

(5)地裂缝形成及影响因素分析

根据塬区地形条件,岩性结构和人类活动特征,县内地裂缝形成条件及影响因素主要有以下几方面:

①黄土疏松,垂向裂隙发育,湿陷性强,降雨及地表水易于入渗,农田长期受大水漫灌及地下水的长期作用是其形成的主要影响因素。

②沿大夏河塬边形成高达 50 m 的直立陡坎,有一定的临空条件,土体受自重应力及卸荷回弹作用,形成塬边裂缝,加之大夏河洪水冲蚀坡脚,使后部坡体不断产生变形拉裂,

这是东塬村—林家村地裂缝形成的影响因素之一。

③可能与塬区南北向埋设的老虎嘴电厂引水管道有关。引水管道埋设于塬区中部，靠近并与东塬—河滩公路基本平行。据访问，管道埋深 3 ~ 5 m，挖方宽近 2 ~ 2.5 m。由于目前电厂与当地存在矛盾，难以详查。

(6)威胁人员及财产损失

东塬区两条地裂缝直接威胁东塬村、林家村 78 户居民安全，威胁人口 409 人，房屋 741 间，农田 280 亩，公路 1.3 km，潜在经济损失 168.4 万元。目前，已造成 15 户居民住房开裂变形成为危房，8 户居民已拆迁，直接经济损失 7.8 万元。

六、地质灾害危险性与危害性评价

1. 地质灾害危险性与危害性评价标准

(1)地质灾害危险性评价标准

对地质灾害危险性评价主要考虑两个方面：一是灾害体所处的稳定状态，通过野外现场实际调查，在综合分析各灾害点形成与影响因素及现有的变形破坏程度基础上，对其稳定性和发展趋势进行判别，确定地质灾害发育的危险性。二是“以人为本”，确定灾害点对城镇、居民点、农田、公路及其他基础设施的威胁性程度。根据现状调查，县内地质灾害点及灾害隐患点的危险性分三级评价，即危险、次危险和不危险，其标准如下：

①滑坡、不稳定斜坡的评价标准：

a. 坡体是否存在大量的变形迹象；

b. 斜坡所处地质环境条件的优劣；

c. 人为活动对斜坡的影响及作用程度，如是否存在开挖坡脚、开挖坡体（指斜坡中上部）、炸山采石、引水灌溉、建筑加载等。

②泥石流危险性评价标准：

a. 是否存在充足的物质来源，包括自然堆积和人工堆积两部分；

b. 是否具备适宜的地形条件；

c. 是否有丰富的降水；

d. 根据城镇、居民点坐落位置，以及农田、公路和其他基础设施分布状况，结合泥石流发生规模、危害范围及灾害史等，判定泥石流对流域内受灾体的威胁性程度。

③地裂缝危险性评价标准：

a. 地裂缝规模、裂缝变化速率及发展趋势；

b. 主要诱发因素作用程度；

c. 对乡镇、村庄及基础性设施的威胁程度。

(2)地质灾害危害性评价标准

根据地质灾害已造成的损失和潜在的威胁性对地质灾害的危害性进行评价，将地质灾害危害性划分为一般级（轻）、较大级（中）、重大级（重）、特大级（特重）四级，其评价标准见表 4.14。

表 4.14　地质灾害危害性分级标准

危害性分级	死亡人数(人)	受威胁人数(人)	直接经济损失(万元)	备注
一般级(轻)	<3	<10	<100	1. 对已发生的地质灾害采用“死亡人数”和“直接经济损失”栏指标评价。 2. 对可能发生的地质灾害其危害程度采用“受威胁人数”和“直接经济损失”栏指标综合分析。
较大级(中)	3~10	10~100	100~500	
重大级(重)	10~30	10~1 000	500~1 000	
特大级(特)	>30	>1 000	>1 000	

2. 地质灾害危险性评价与分区

(1)地质灾害危险性评价

东乡县共有地质灾害点及灾害隐患点 121 处,其中属于危险的 39 处,占灾害总数的 32.3%,如东塬区和祁杨村地裂缝,塔石沟、拉砂沟、胡麻沟、张尕那沟、妥家沟等流域泥石流,以及高家社、阳洼社、湾子社、鏊岘社、康家社、苦改里社及锁南镇等地的滑坡隐患点。上述地裂缝规模较大,已造成的灾害严重,且目前仍在不断发展,对塬区居民、农田及重要基础设施构成很大威胁;具有一定的诸泥石流灾害点形成条件,历史上地质灾害严重,泥石流堆积区居民数量多,分布集中,多为乡镇和规模较大的自然村,处在泥石流直接危害县内;而一些滑坡隐患点处地形陡峻,坡体变形破坏特征非常明显,处于明显不稳定状态,随时有滑移的危险,其危害和影响区范围内居民数量较多,潜在灾害严重。

次危险的 76 处,占总数的 62.8%,相比于地质灾害危险点其稳定性较好,危险性较小。不危险的共 6 处,占总数的 4.9%。不危险的地质灾害点均为滑坡灾害点,已造成了较大或重大灾害,但这些滑坡已处于稳定,对坡体上居民已不构成威胁,即使部分滑坡侧缘或后壁失稳,也不会造成灾害,或者灾害甚微,如林家滑坡、奴那社滑坡、卧连滑坡等。东乡县重要地质灾害点危险性评价见表 4.15。

表 4.15　东乡县重要地质灾害危险性与危害性评价表

点号	位置	类型	目前稳定状况	发展趋势	诱发因素	危险性等级	危害性等级
DL-1	东塬乡东塬村林家村	中型地裂缝	不稳定	不稳定	灌溉渗漏、降雨	危险	重大级
DL-2	东塬乡东塬村	中型地裂缝	不稳定	不稳定	灌溉渗漏、降雨	危险	重大级
DL-3	河滩乡祁杨村新寨社	巨型地裂缝	不稳定	不稳定	库水浸润、降雨	危险	重大级
DX-2	柳树乡马白虎村高家社	巨型自然土质不稳定斜坡	不稳定	不稳定	降雨、地震、坡脚冲刷、坡脚浸润、卸荷、动水压力	危险	重大级

续表 4.15

点号	位置	类型	目前稳定状况	发展趋势	诱发因素	危险性等级	危害性等级
DX－7	龙泉乡杨家村杨家社	大型自然土质不稳定斜坡	不稳定	不稳定	降雨、地震、人工加载、坡体切割	危险	重大级
DX－11	大树乡塔拉乌村湾子社	巨型自然土质不稳定斜坡	不稳定	不稳定	降雨、地震、坡体切割	危险	重大级
DX－17	考勒乡当土村阳屲鏊岘社	大型自然土质不稳定斜坡	不稳定	不稳定	降雨、地震、坡体切割、卸荷	危险	重大级
DX－24	果园乡奴拉忙村康家社	大型自然土质不稳定斜坡	不稳定	不稳定	降雨、地震	危险	较大级
DX－26	果园乡石拉泉村石拉泉社	大型自然土质不稳定斜坡	基本稳定	不稳定	降雨、地震、坡体切割	次危险	重大级
DX－30	车家湾乡水家村牟家湾社	巨型自然土质不稳定斜坡	不稳定	不稳定	降雨、地震、坡脚冲刷、坡体切割	危险	重大级
DX－33	锁南镇苦改村苦改里社	大型自然土质不稳定斜坡	不稳定	不稳定	降雨、地震、坡体切割	危险	重大级
DX－35	锁南镇	中型自然土质不稳定斜坡	不稳定	不稳定	降雨、地震、人工加载、坡体切割	危险	特大级
DL－4	考勒乡刘马家村	小型地裂缝	不稳定	不稳定	渠道渗漏	次危险	较大级
DX－1	春台乡大坊村湾子社	大型自然土质不稳定斜坡	不稳定	不稳定	降雨、地震、卸荷	危险	较大级
DX－3	柳树乡柳树村卧连社	大型自然土质不稳定斜坡	不稳定	不稳定	降雨、地震、人工加载	危险	较大级
DX－4	北岭乡巴苏池村阳屲社	大型自然土质不稳定斜坡	不稳定	不稳定	降雨、地震	危险	较大级
DX－5	北岭乡大湾头村格碌大庄社	大型自然土质不稳定斜坡	不稳定	不稳定	降雨、地震、坡体切割	次危险	重大级
DX－8	北岭乡范家村东家湾子社	大型自然土质不稳定斜坡	不稳定	不稳定	降雨、地震、开挖坡脚、坡体切割	次危险	较大级
DX－12	大树乡乔鲁村妥牙社	中型自然土质不稳定斜坡	不稳定	不稳定	降雨、地震、开挖坡脚、坡体切割	次危险	重大级

续表 4.15

点号	位置	类型	目前稳定状况	发展趋势	诱发因素	危险性等级	危害性等级
DX－16	考勒乡当土村八羊桥社	中型自然土质不稳定斜坡	不稳定	不稳定	降雨、地震、坡体切割	次危险	重大级
DX－18	高山乡庙儿岭村卡拉光社	大型自然土质不稳定斜坡	不稳定	不稳定	降雨、地震、坡脚冲刷、坡体切割	危险	较大级
DX－19	高山乡庙儿岭村年田社	大型自然土质不稳定斜坡	不稳定	不稳定	降雨、地震、坡体切割	危险	较大级
DX－21	赵家乡甘土沟村奴拉社	大型自然土质不稳定斜坡	不稳定	不稳定	降雨、地震	危险	较大级
DX－22	风山乡池滩村新庄科社	小型自然土质不稳定斜坡	不稳定	不稳定	降雨、地震、坡脚冲刷、坡脚浸润、坡体切割	次危险	较大级
DX－23	风山乡丁家村一社	大型自然土质不稳定斜坡	不稳定	不稳定	降雨、地震、坡脚浸润	危险	较大级
DX－25	果园乡奴拉忙村康家社	大型自然土质不稳定斜坡	不稳定	不稳定	降雨、地震	危险	重大级
DX－27	果园乡果园村果园社	小型自然岩质不稳定斜坡	不稳定	不稳定	降雨、地震、坡脚冲刷、坡脚浸润	危险	较大级
DX－28	车家湾乡马吉良村阳洼山社	巨型自然土质不稳定斜坡	不稳定	不稳定	降雨、地震、坡体切割	次危险	重大级
DX－32	锁南镇高门村老庄社	大型自然土质不稳定斜坡	不稳定	不稳定	降雨、地震、坡体切割	危险	较大级
DX－36	百和乡康家坪村马勺社	中型自然土质不稳定斜坡	不稳定	不稳定	降雨、地震、开挖坡脚	危险	重大级
DH－7	北岭乡前进村王家社	大型土质滑坡	基本稳定	不稳定	降雨、地震	次危险	较大级
DH－10	龙泉乡杨家村塔山社	大型岩质滑坡	不稳定	不稳定	降雨、地震、坡体切割	危险	特大级
DH－14	龙泉乡老庄村四甲集社	大型岩质滑坡	不稳定	不稳定	降雨、地震、坡体切割	次危险	重大级
DH－19	汪集乡对坡村对坡社	大型岩质滑坡	基本稳定	不稳定	降雨、地震	次危险	重大级

续表 4.15

点号	位置	类型	目前稳定状况	发展趋势	诱发因素	危险性等级	危害性等级
DH－21	坪庄乡韩寨岭村卡拉黑社	中型岩质滑坡	不稳定	不稳定	降雨、地震	次危险	重大级
DH－26	赵家乡甘土沟村奴拉社	大型土质滑坡	不稳定	不稳定	降雨、地震、坡体切割	危险	较大级
DH－27	赵家乡赵家村石家社	大型岩质滑坡	基本稳定	不稳定	降雨、地震、坡体切割	次危险	重大级
DH－31	五家乡奴土坪村尕朱家社	大型土质滑坡	不稳定	不稳定	降雨、地震、坡脚冲刷、坡体切割	次危险	较大级
DH－32	五家乡上庄村罗家社	巨型岩质滑坡	基本稳定	不稳定	降雨、地震、开挖坡脚、坡体切割	次危险	重大级
DH－33	风山乡池滩村陈家社	巨型土质滑坡	不稳定	不稳定	降雨、地震、坡脚冲刷、坡脚浸润、坡体切割	危险	重大级
DH－32	五家乡上庄村罗家社	巨型岩质滑坡	基本稳定	不稳定	降雨、地震、开挖坡脚、坡体切割	次危险	重大级
DH－33	风山乡池滩村陈家社	巨型土质滑坡	不稳定	不稳定	降雨、地震、坡脚冲刷、坡脚浸润、坡体切割	危险	重大级
DH－36	果园乡宗罗村胡浪沟社	大型碎块石滑坡	基本稳定	不稳定	降雨、地震	次危险	重大级
DH－38	果园乡红庄村红庄社	巨型岩质滑坡	基本稳定	不稳定	降雨、地震、坡脚冲刷	次危险	较大级
DH－39	车家湾乡马吉良村下老沟社	大型土质滑坡	不稳定	不稳定	降雨、地震、坡脚冲刷	危险	较大级
DH－40	车家湾乡水家村也乃社	大型土质滑坡	基本稳定	不稳定	降雨、地震、坡脚冲刷、坡体切割	次危险	较大级
DH－30	那勒寺乡三甲村高崖社	大型岩质滑坡	基本稳定	不稳定	降雨、地震	次危险	一般级

续表 4.15

点号	位置	类型	规模($10^4 m^3$)	目前稳定状况	发展趋势	诱发因素	危险性等级	危害性等级
DN－6	唐汪乡塔石沟村	中型泥石流	16.12	中等	发展期	暴雨	危险	特大级
DN－15	达板镇黑石山村上黑石山社	中型泥石流	2.07	中等	发展期	暴雨	危险	较大级
DN－22	达板镇达板村二社	大型泥石流	22.58	中等	发展期	暴雨	危险	特大级
DN－24	达板镇下科妥村黑儿坪社	中型泥石流	7.76	高易发	发展期	暴雨	危险	较大级
DN－13	达板镇黑石山村下黑石山社	中型泥石流	2.66	中等	发展期	暴雨	危险	较大级
DN－14	达板镇黑石山村下黑石山社	中型泥石流	2.55	高易发	发展期	暴雨	危险	较大级
DN－18	达板镇舀水村康家社	巨型泥石流	90.67	中等	发展期	暴雨	次危险	重大级
DN－19	达板镇舀水村舀水社	小型泥石流	0.55	中等	发展期	暴雨	次危险	重大级
DN－5	唐汪乡塔石沟村塔石沟社	中型泥石流	5.92	中等	发展期	暴雨	危险	重大级
DN－16	达板镇黑石山村上黑石山社	小型泥石流	1.23	中等	发展期	暴雨	危险	重大级
DN－30	那勒寺乡南门村后沟社	大型泥石流	41.51	中等	发展期	暴雨	次危险	较大级

(2)地质灾害危险性分区

以各个地质灾害点的危险性评价为基础,充分考虑面上地质灾害点数量及其危险点和次危险点密度,并综合县内地质环境条件及人类活动强度等,对东乡县全区进行地质灾害危险性分区。县内共分三级,即危险区、次危险区和不危险区,见东乡县地质灾害危险性分区图(图4.7)。

地质灾害危险区(Ⅰ)共分9个亚区,即龙泉—锁南镇、那勒寺—果园、马吉良—下科妥、高山—达板镇、黑石山—舀水、董家岭—白咀、考勒—祁杨家、马白虎—壑岘、东塬等,总面积532.7 km²,占全县总面积的35.9%。区内共有地质灾害点91处,占地质灾害总数的75.2%,而灾害密度达0.17处/km²,89%的地质灾害危险点集中在该区域内。县城

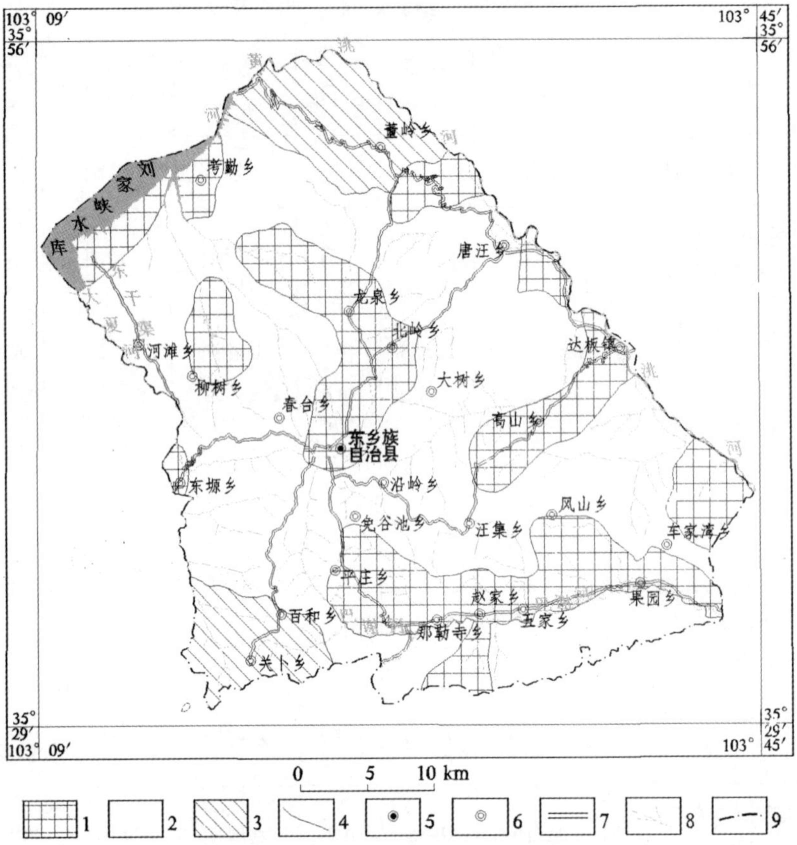

1、危险；2、次危险；3、不危险；4、分区界线；5、县城；6、乡政府驻地；7、公路；8、水系；9、县界

图 4.7　东乡县地质灾害危险性分区

所在地锁南镇就处于该地质灾害危险区内，区内人口相对密集，经济工程活动强度较大，植被稀少，东乡县城及 12 个乡镇机关和众多企事业单位、学校、大清真寺、行政村集中于该区。区内滑坡、地裂缝变形破坏现象明显，对源面、坡体上及坡脚处居民构成直接威胁、危害；具有一定的形成泥石流的地形条件，固体松散物质丰富，且坡面泥石流发育，泥石流灾害频繁，对沟口居民构成严重危害。

地质灾害次危险区（Ⅱ）区内共有地质灾害点 29 处，占地质灾害总数的 24%，地质灾害危险点较少，以次危险点为主，面积 793.6 km^2，占全县总面积的 53.2%。区内地质环境条件差，植被覆盖率低，人口分布不均且相对较少。泥石流多为中、低易发，沟口排导通畅，对居民危害性较低；滑坡点多为次危险点，威胁居民人数较少。

地质灾害不危险区（Ⅲ）共分 2 个亚区，即北部董岭区和南部关卜—百和区，总面积 145.2 km^2，占全县总面积的 10.3%。东乡县境内不危险区仅是相对于危险区而言其灾害数量少，易发程度低，且不良地质现象较不发育的区域。北部董岭区山高谷深，切蚀强烈，居民相对稀少，特别是北端及洮河峡谷地带几乎无人居住，滑坡、泥石流灾害很少，仅在沿国道 213 线局部地段由于开挖坡体修路形成塌方，其灾害较轻；南部百和—关卜区降雨量较大，气候相对湿润，植被覆盖率较高，沟谷切割较浅，地形相对和缓，坡体比较完整，未见地质灾害分布。

第二节　地震灾害

一、区域地震构造特征

东乡县城区位于青藏高原东缘、南北地震构造带北段，在区域 150 km 半径范围内发育了多条规模较大的晚第四纪活动断裂带（见图 4.8，表 4.16）。这些断裂总体走向以北西西向为主，北北西向次之，还有一些弧形断裂带。区内主要活动断裂有：疙瘩沟断裂、庄浪河断裂、秦王川盆地西缘断裂、白银白杨树沟断裂、马衔山断裂、洮河断裂、积石山东缘断裂、倒淌河—循化南山断裂、西秦岭北缘断裂、柏林口断裂和临潭—宕昌断裂等，性质为左旋走滑和挤压逆冲两类。其中，马衔山断裂和西秦岭北缘断裂为全新世活动的左旋走滑断裂，也是距离东乡县最近的区域性活动断裂带，其他断裂主要为晚更新世活动断裂。上述断裂是本区的主要控震和发震断裂，现今地震活动主要沿上述活动断裂带呈线状分布。因此，上述断裂未来的地震活动对东乡县有直接的影响（见图 4.9）

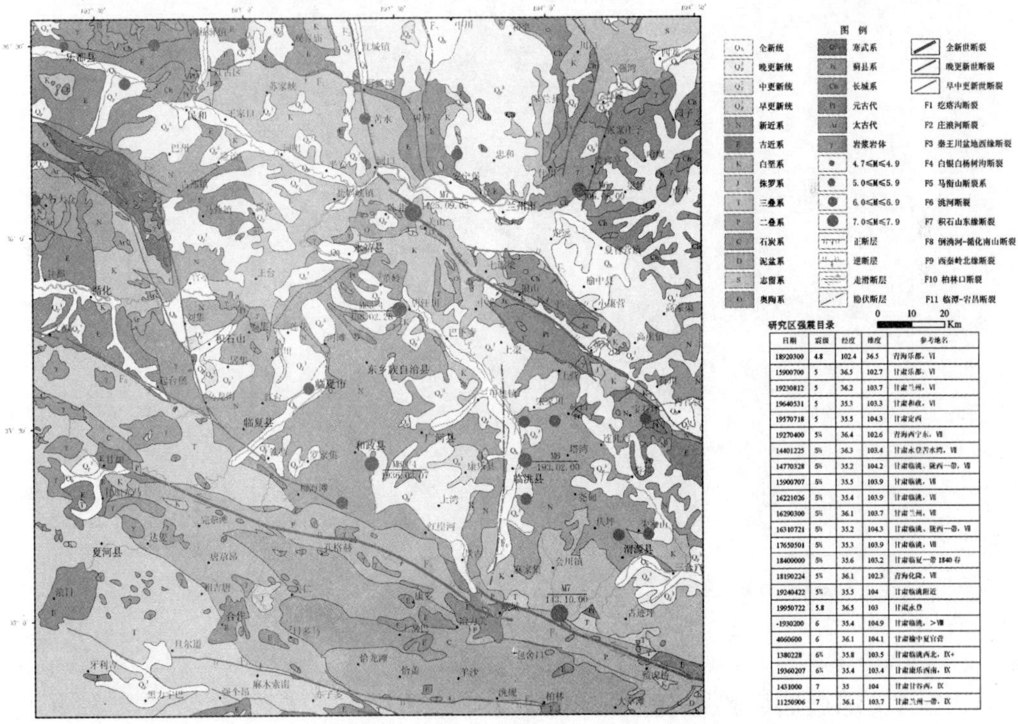

研究区强震目录

日期	震级	经度	维度	参考地名
18920300	4.8	102.4	36.5	青海乐都，VI
15900700	5	36.5	102.7	甘肃乐都，VI
19230812	5	36.2	103.7	甘肃兰州，VI
19640531	5	35.3	103.3	甘肃和政，VI
19570718	5	35.5	104.3	甘肃定西
19270400	5¼	36.4	102.6	青海西宁东，VII
14401225	5½	36.3	103.4	甘肃永登苦水湾，VII
14770328	5½	35.2	104.2	甘肃临洮、陇西一带，VII
15900707	5½	35.5	103.9	甘肃临洮，VII
16221026	5½	35.4	103.9	甘肃临洮，VII
16290300	5½	36.1	103.7	甘肃兰州，VII
16310721	5½	35.2	104.3	甘肃临洮、陇西一带，VII
17650501	5½	35.3	103.9	甘肃临洮，VII
18400000	5½	35.6	103.2	甘肃临夏一带 1840 春
18190224	5¾	36.1	102.3	青海化隆，VII
19240422	5¾	35.5	104	甘肃临洮附近
19950722	5.8	36.5	103	甘肃永登
-1930200	6	35.4	104.9	甘肃临洮，>VIII
4060600	6	36.1	104.1	甘肃榆中夏官营
1380228	6¾	35.8	103.5	甘肃临洮西北，IX+
19360207	6¾	35.4	103.4	甘肃康乐西南，IX
1431000	7	35	104	甘肃甘谷西，IX
11250906	7	36.1	103.7	甘肃兰州一带，IX

图 4.8　东乡县区域地震构造与强震震中分布图

表 4.16　区域主要断裂活动一览表

断裂编号	断裂名称	长度(km)	产状			最新活动时代	最新活动性质
			走向	倾向	倾角		
F1	疙瘩沟断裂	12	EW	S	50°～80°	Q_3	逆断
F2	庄浪河断裂	60	N15°W	SW	高角度	Q_3	逆断
F3	秦王川盆地西缘断裂	37	SN	W	80°	Q_3	正断
F4	白银白杨树沟断裂	90	N60°W－N20°E	SW	80°	Q_{2-3}	逆断
F5	马衔山断裂	183	N35°W	NE/SW	60°～80°	Q_{3-4}	逆左旋
F6	洮河断裂	100	N20°W	SW	较陡	Q_3	逆断裂
F7	积石山东缘断裂	75	345°	SW	78°	Q_3	逆断
F8	倒淌河—循化南山断裂	200	NW	SW	40°～70°	Q_3	逆断兼左旋
F9	西秦岭北缘断裂	440	N70°W	SW/NE	60°～70°	Q^4	左旋兼逆断
F10	柏林口断裂	76	275°～285°	NE	50°～70°	Q_3	逆断
F11	临潭—宕昌断裂	250	NWW－NW	NE	50°～70°	Q_{3-4}	逆断兼左旋

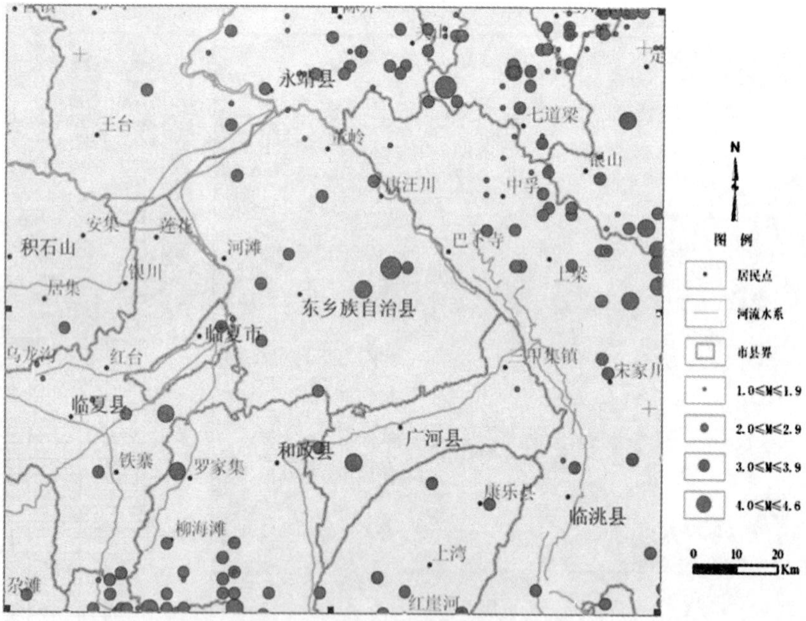

图 4.9　东乡县区域弱震震中分布图

二、历史地震影响烈度分析

历史上，东乡县所在的区域 150 km 范围内曾发生过多次强震甚至大地震，如 138 年金城—陇西 6 级地震、1125 年兰州 7 级地震等和 1590 年永靖东南 6 级地震。上述地震曾引发了严重的滑坡、崩塌等地震地质灾害，造成过严重的人员伤亡和财产损失。其中对东乡县城区影响最大的是公元138年金城—陇西6级地震，本次地震的极震区位于今青海民和县下川口和甘肃临洮县之间，造成“金城（今青海民和）、陇西（今甘肃临洮）地震裂，城郭、屋室多坏，压杀人。二郡山岸崩，地陷”等严重震害（袁道阳等，2004），对东乡县城的最大影响烈度达到Ⅷ～Ⅸ度。

1125年兰州7级地震是对兰州影响最大的地震之一。袁道阳、雷中生等（2002）通过史料考证和野外地质考察，认为震中应在兰州市西固区以南至河口一带。从给出的极震区图推断，对东乡县城区的影响烈度达到Ⅶ～Ⅷ度（袁道阳等，2002）。

1590年永靖东南地震对东乡县的影响也较大。史料记载，明万历十八年六月，临洮等处发生一次破坏性地震，“坏城廓庐舍，压死人畜无算”。乾隆杨应琚的《西宁府新志》亦记有“地大震，冰沟城崩”。现行地震目录将上述记载分成二次地震，即1590年7月7日临洮5.5级地震和1590年7月青海乐都5级地震。袁道阳、雷中生等（2007）通过史料考证和现场考察，认为这二次地震应是一次地震，震中应在临洮和冰沟城之间，靠近临洮，今永靖县东南。震中烈度可达Ⅷ度，震级6.5级。根据推测的等震线，东乡县境位于Ⅶ～Ⅷ区内，东乡县城位于Ⅶ度区内。

以下将对东乡县有影响的历史地震及其影响烈度归纳如表4.17。

表4.17　东乡县历史地震影响汇总表

序号	地震日期	震中位置	震级	震中烈度	推断对东乡的影响及说明
1	公元前193年	临洮 33.9°N，105.6°E	6～7		轻微破坏影响； 震级、震中位置不确切
2	138－2－28	永靖西北 36.0°N，103.3°E	$6^{3/4}$	Ⅸ	产生滑坡灾害；8～9度影响
3	143－10－144－5	甘谷西 34.5°N，104.5°E	$7^{1/4}$	Ⅸ～Ⅹ	轻微破坏影响
4	1125－9－6	兰州西 36.1°N，103.3°E	7	Ⅸ	7～8度破坏影响
5	1590－7－7	永靖东南 34.8°N，103.4°E	$6^{1/2}$	Ⅷ	7度破坏影响
6	1840.春夏	临夏 35.6°N，103.2°E	5		强有感
7	1920－12－16	海原 36.5°N，105.7°E	8.5	Ⅻ	6度影响
8	1927－5－23	古浪 37.5°N，102.2°E	8	Ⅺ	5～6度影响
9	1936－2－7	康乐西南（宏观震中） 35.2°N，103.7°E	$6^{3/4}$	Ⅸ	5～6度影响
10	1960－4－4	和政 35.2°N，103.1°E	4.9		强有感
11	1964－5－31	和政 35.3°N，103.3°E	5	Ⅵ	强有感

三、东乡县地震动峰值加速度分级

地震时地面运动的加速度可以作为确定烈度的依据。在以烈度为基础作出抗震设防标准时,往往对相应的烈度给出相应的峰值加速度。国家质量技术监督局公布的《中国地震动参数区划图标准》(GB 18306—2001),将地震动峰值加速在 0.05 *g* 至 0.4 *g* 的区间划分为 Ⅵ、Ⅶ、Ⅷ三级烈度。依此划分,东乡县全域均为Ⅶ烈度地区,其中大部地震动峰值加速度为 0.10 *g*,仅河滩乡地震动峰值加速度为 0.15 *g*(见表 4.18,图 4.10)。

表 4.18　东乡县各乡镇地震动峰值和地震基本烈度

地震动峰值	0.10 *g*	0.15 *g*
地震基本烈度	Ⅶ	Ⅶ
锁南	●	
春台	●	
柳树	●	
东原	●	
河滩		●
坪庄	●	
百和	●	
关卜	●	
那勒寺	●	
赵家	●	
五家	●	
果园	●	
沿岭	●	
汪集	●	
风山	●	
车家湾	●	
高山	●	
达板	●	
唐汪	●	
大树	●	
北岭	●	
龙泉	●	
考勒	●	
董岭	●	

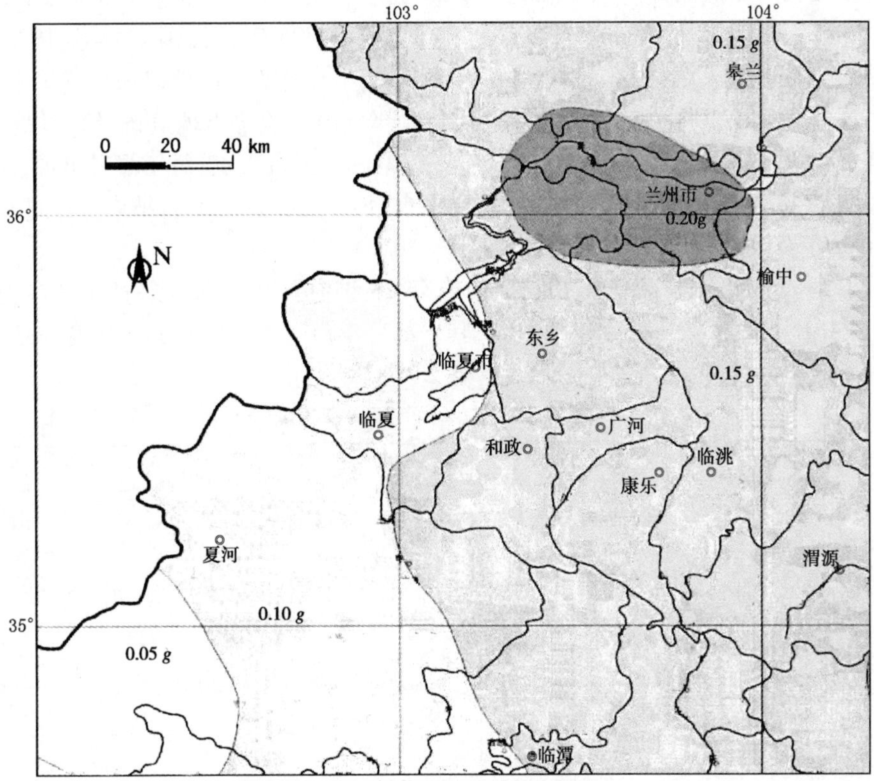

图 4.10　东乡县地震动参数区划图

四、避让建议

东乡县多年来一直位于全国和全省地震重点危险区边缘和地震重点监视防御区内，存在遭受强震袭击的较大可能性，其防震减灾任务十分艰巨。同时，由于当地主要以黄土丘陵地貌为主，且存在多处地质灾害隐患点，在遭受强地震动影响的情况下，会引发范围更广、面积更大的滑坡、崩塌等严重的地质灾害。为了切实防御和减轻未来因地震而引发的地质灾害损失，建议在进行东乡县城区特大地质灾害综合治理工程中，走综合防灾减灾之路。采取科学合理的抗震设防措施，防御和减轻未来因地震而引发的滑坡、崩塌等地质灾害，防患于未然。

第三节　气象灾害

一、东乡县历史气象灾害情况

东乡县气象灾害主要有旱灾、雹灾，也有一些低温、霜冻、洪水和暴风灾害。其中旱灾居各种自然灾害之首，自治县十年九旱，一年四季都有干旱，其中春末夏初最频繁，这是由东乡县特定的地理环境所决定的。每年 10 月至次年 6 月盛行的西北气流受青藏高原影响分为南北两支，在大气的作用下，形成西北下沉气流，使降水天气渐弱甚至消失，加之全县地势坡陡沟深，植被稀少，水土流失严重，因此旱灾发生频繁。据史料记载，在清同治元年(1862 年)、光绪十八年(1892 年)、光绪二十一年(1895 年)、民国十七年(1928 年)，东乡都因大旱造成毁灭性灾害，草木干枯，土壤干裂，粮食绝收。解放以来旱灾仍十分严重，时常出现作物无法下种、减产和绝收的现象，大部分山区饮水出现危机，给人民群众的生活带来了很大的威胁。县内雹灾虽不及旱灾频繁和普遍，但几乎每年都有出现，对局部地区的影响甚于旱灾。雹灾一般每年 4 月开始，6 ~ 8 月最为集中，8 月结束。冰雹常见直径在 10 mm 左右，最大直径超过 60 mm。

据不完全统计，东乡县全县 1983 ~ 2010 年 28 年中有 16 年发生较严重的各类气候灾害(见表 4. 19)，气象灾害发生频率很高，其中部分年份有多种地质灾害并发的现象，对全县人民群众生命财产安全造成了损害。

表 4. 19　东乡县气候灾害灾情

受灾日期	受灾类型	受灾人口(万人)	伤亡人口(人)	倒塌房屋(间)	损坏房屋(间)	作物受灾面积(万亩)	作物绝收面积(万亩)	经济损失(万元)
1985-7-13	暴雨、冰雹					11. 7		
1987	旱灾	14				22		
1988	暴雨、冰雹	8. 1	3	6		12. 18		
1992	旱灾	11. 8				30. 3		
1993	旱灾	16. 8				7. 42		381
1996	旱灾、暴雨	19. 9				33. 8		160
1999	旱灾、洪涝	21. 3		500		29. 7	0. 12	
2000	旱灾	8. 05				37. 8		
2002-5	暴雨	7. 7		78	99	18. 45		948. 6
2004-5	低温冻害	20. 95				4. 5	1. 6	3788
2005	旱灾、暴雨	14. 69				22. 7	9. 2	1795
2006	洪涝	0. 28		31	127		0. 05	84. 7
2007	洪涝	0. 32	1			0. 78	0. 33	650
2008-6-16	冰雹	4. 3				5. 88		1440
2009	干旱、洪涝	16				12. 9		2476
2010	干旱、风灾	23. 6				12		1810

二、东乡气象条件和历年最大降雨量

东乡县属温带半干旱气候，地处黄土高原和青藏高原衔接地带，深居内陆，远离海洋，夏季的东南风难及此地，冬季风盛行，具有高原气候特色，副热带气候不明显。全县日照

2 500 小时以上，年总辐射量为每平方厘米 139.9 kcal（表 4.20），年均降水量 544.6 mm，多集中于 6～8 月，且多以暴雨和连阴雨形式出现（见表 4.21），年蒸发量 1 387 mm，远大于降水量。山区年均温度 4.9℃，川区年均温度为 8℃。由于海拔高差大，地形复杂，气候差异明显，山地气候显著。

表 4.20　东乡县多年年均气象要素统计值

平均气温(℃)	平均最高气温(℃)	平均最低气温(℃)	平均降水量(mm)	平均日照数(h)
5.6	11.1	1.7	544.6	2 506.7

表 4.21　1972～2010 年东乡县年均降水量及降水过程

年份	降水量(mm)	≥25 mm 降水过程发生时间	≥25 mm 降水过程降水量
1972	397.3	8－4、8－23	39.5、32.4
1973	682.6	8－16、8－20、8－26	46.8、27.2、57.7
1974	477.4	无	无
1975	568.2	5－24	42.1
1976	584.0	6－21、7－9、8－2、8－3	27.5、26.6、42.2、41.4
1977	557.4	7－1、7－10、7－22、7－28、8－6	43.8、25.5、26.5、37.1、33.7
1978	702.9	6－12、7－14、8－7、9－6、9－7	26.2、31.4、32.6、33.1、31.2
1979	661.8	4－21、7－26、7－30、8－2、8－10、8－26	26.5、27.5、28.6、28.8、39.6、26.1
1980	336.5	7－11	36.3
1981	582.9	6－3、7－21、8－6	34.2、58.5、31.2
1982	547.3	9－24	28.2
1983	564.1	7－29、8－16、8－24	25.6、31.3、28.0
1984	587.3	5－1、8－3	26.4、35.2
1985	573.0	5－25	29.7
1986	461.9	6－25、6－26	25.3、30.4
1987	473.2	5－11	26.6
1988	628.9	7－18、9－1、9－13	62.2、33.8、25.4
1989	510.1	6－13、7－22	43.1、46.4
1990	542.7	6－30	29.1
1991	480.4	6－1、7－21	33.5、36.3
1992	674.0	7－25、8－8、8－12、9－23	46.4、59.3、50.1、29.8
1993	539.6	7－21、9－26	35.0、26.2
1994	541.7	6－15、8－12、8－20、9－8	30.0、29.5、32.3、25.9

续表 4.21

年份	降水量(mm)	≥25 mm 降水过程发生时间	≥25 mm 降水过程降水量
1995	517.0	7－17、9－1	25.1、28.1
1996	501.5	7－26	35.1
1997	435.3	7－2、7－14、8－14	31.0、40.9、36.9
1998	544.2	5－15、6－9、7－5	32.3、26.9、25.2
1999	590.7	5－16、6－22、7－2、7－13、7－15、7－16、7－22、7－24	30.4、38.7、26.7、30.1、39.6、34.3、25.3、25.4
2000	512.6	6－25、6－27、10－4	36.7、42.8、33.2
2001	404.8	8－16、8－18	41.8、25.8
2002	435.6	5－1、9－12	25.4、28.0
2003	614.3	8－28、9－27	34.9、26.7
2004	426.0	5－29、7－9、8－19	29.0、33.7、29.4
2005	636.2	5－20、7－27、8－11、9－3、9－4	25.6、29.1、44.1、35.1、31.0
2006	525.5	7－13、7－27、9－4、10－3	25.8、53.9、26.2、31.4
2007	707.5	6－16、6－17、8－8、8－26、9－3、10－1	37.1、25.6、32.0、37.3、27.6、35.9
2008	603.4	5－25、6－6、7－31、8－20、9－8	30.4、27.2、37.5、49.4、29.2
2009	474.5	8－3、8－18、8－25	25.3、32.2、28.0
2010	436.5	8－11	43.5

第五章　重建区域资源环境承载能力评价

2011年3月2日滑坡灾害发生之前，东乡县城、县域的人口总量已超出资源环境承载能力的负荷，人地关系矛盾比较紧张。特大滑坡灾害进一步加剧了资源环境承载能力与人口负荷的矛盾。按照甘肃省人民政府工作部署要求，通过对地形条件、地质灾害、气象灾害和隐患、工程水文地质、生态环境等进行资源环境承载能力的综合评价，得出以下主要结论。

一、建议原址重建

在东乡县范围内分析对比地形条件，结合实地考察，选取老县城、河滩镇、达板镇与唐汪镇作为县城重建备选用地的重点评价区。在此基础上，综合考虑备选区的自然条件、政治、历史和社会经济因素，尤其是当地全国独有少数民族——东乡族的团结和稳定因素，最终建议在东乡县城原址进行重建。

二、县城建设用地总面积与可承载人口规模

县城原规划建设用地面积为1.49 km^2，灾后重建以原县城为基础，通过实施地质灾害综合治理，削山填沟净增建设用地0.29 km^2，县城规划区总建设用地面积可达1.78 km^2，以人均建设用地面积75 m^2 计算，今后城区人口不宜超过2.38万人。按容纳县城现状常住人口2.2万人、流动人口0.5万人，总计2.7万人计算，则人均建设用地面积为65 m^2，宜居程度较差，但仍处于住房与城乡建设部颁布的《城市用地分类与规划建设用地标准》(GBJ 137—90)中人均建设用地标准60～75 m^2 的范围内。

三、全县资源环境承载能力评价

依据全县耕地作物产量、草场载畜量现状和农牧民人均收入数据，通过静态测算可知，目前东乡全县农村范围耕地草场人口超载大约3万人；若不采取城镇化建设与工业化产业发展政策，提高城镇人口比例，将人口压力从脆弱的农业用地与生态恢复用地上转移出来，到2020年全县农村人口超载现象将更加严重。

四、全县主体功能分区及产业发展建议

综合考虑土地状况与水热条件，将全县划分为城镇建设区、农业发展区与生态恢复区。城镇建设区主要包括县城锁南镇、河滩、唐汪和达板等乡镇，农业发展区主要分布在海拔与坡度较低区域，坡度15°以上及高海拔区域为生态恢复区。依照功能区划，产业发展应逐步向城镇建设区等相对开阔地带转移，结合小城镇建设疏解县城人口压力，尤其注重发挥东部达板园区，西部河滩、东塬环库区域的区位和资源优势，着力打造新的经济板块和增长极，以区域经济的快速发展带动全县经济实现跨越。农业发展区根据耕地及水

热条件，大力发展设施农业与高效农业。生态恢复区应实施退耕还林等生态建设，部分区域可发展果林经济。

第一节　评价任务

根据甘政办《东乡县特大滑坡地质灾害灾后重建规划工作方案》文件，明确资源环境承载能力评价的主要任务是对地形条件、地质灾害、次生灾害和隐患、工程水文地质、生态环境等进行综合评价，提出适宜人口居住和城乡居民点建设的范围。

第二节　技术路线

依据指导意见和全国主体功能区规划，充分借鉴甘肃省、临夏州和东乡县“十二五”规划基本思路，按照任务目标相对独立、相互之间紧密联系的4块内容，开展资源环境承载能力评价（见图5.1）。

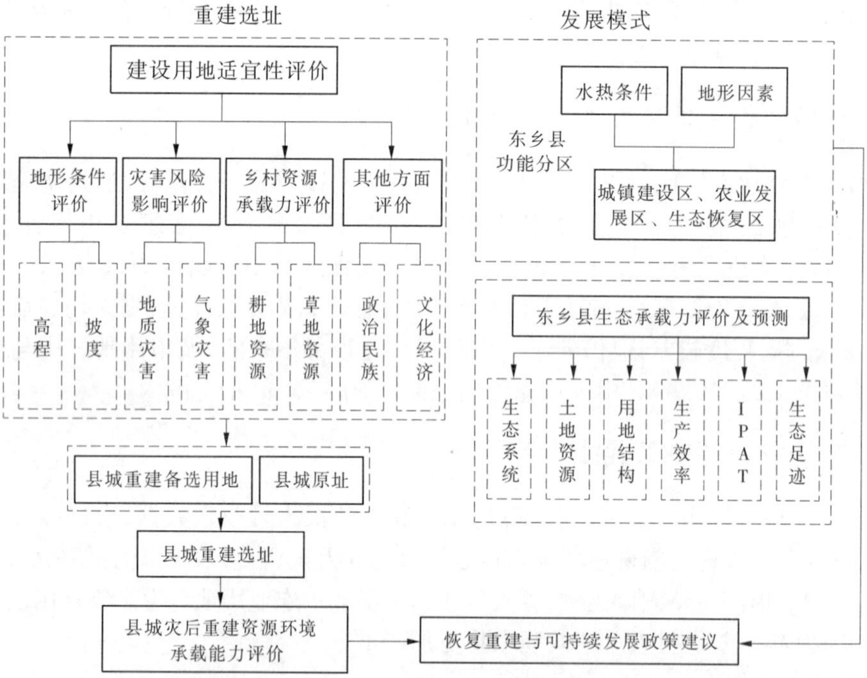

图5.1　评价技术路线图

①通过对全县地形条件的评价，确定县城重建备选用地的位置和基本范围，并为全县重建功能分区与及全县承载能力测算奠定基础。

②着重分析县城重建备选用地的地质灾害、地震灾害和洪水灾害的影响范围，并综合考虑水文和地质条件以及其他资源环境条件与城镇发展的社会经济条件，确定县城重建选址和适宜重建的地域范围。

③结合对区域生态系统、用地结构、劳动效率和收益预期等方面的综合分析，在县域

地形与用地评价的基础上，进行全县可持续发展的功能分区，并测算全县资源环境承载能力。

④根据评价过程和评价结论，对东乡县城发展提出若干政策建议。

在评价过程中，除严格按照国家规定采取法定的基础数据外，充分采纳国土、城建、环保、地震、水利等主管部门的基础工作成果，充分听取甘肃省有关部门对专项评价的意见，并采用实地考察和外业核对的方式，增加评价的准确性。

从资源环境承载能力的角度，东乡县灾后重建应遵循以下5条基本准则：①县城人均建设用地应在75 m^2 左右；②县城原址重建时，应留有足够的避让区；③建设较为先进的基础设施；④建设完备的防灾减灾体系；⑤建立区域可持续发展的体制与机制。

第三节 东乡全县用地条件与县城重建备选用地评价

通过高程、坡度等用地条件和用地现状的评价，提出县城适宜重建的位置及备选用地的范围，确定全县重建的功能区划方案。

一、地形条件适宜性评价

1. 基础数据与分级

数据来源：数字地形图和乡镇级行政区划图。数字地形图来源于甘肃省基础地理信息中心，比例尺为1∶5万，空间分辨率为25 m×25 m。灾区乡镇级行政区划图来源于中国西部环境与生态科学数据中心。

高程分级❶：<1 850 m；1 850 ~ 2 130 m；2 130 ~ 2 450 m；2 450 ~ 2 587 m 等4级（见图5.2）。

坡度分级❷：<5°、5° ~ 8°、8° ~ 15°、15° ~ 25°、>25°等5级（见图5.3）。

2. 评价结论

东乡县整个区域的海拔跨度较大，介于1 702 ~ 2 587 m，地形复杂。全县四面环水，中间地势高，四周地势低。从高程和坡度的分级数据看，高程位于1 850 m以下的面积为147.52 km^2，仅占全县面积的9.77%，而坡度小于15°的面积只占全县总面积的25.17%，15°以上的区域占到74.83%，其中25°以上的面积占42.77%（见表5.1、表5.2）。

---

❶ 高程分级依据说明：1 850 m是东乡县境内谷底与低山的大致分界线，东乡县主要川地和塬地分布在1 850 m以下，故选1 850 m作为一个分级阈值。2 130 m是东乡县经济作物区与农林牧业混交区的大致分界线，故选2 130 m作为一个分级阈值。东乡县境内的山脉高峰能达到2 450 m以上，选2 450 m为高程的一个分级标准。

❷ 坡度分级依据说明：5°：地形坡度在5°以下，水土流失基本与平地一样，适宜城镇建设。地势较平坦，有利于节约用地，而且对城镇道路和管网的布局基本没有限制；8°：地形坡度5° ~ 8°度较适宜城镇建设，地形有一定坡度，需采用台地与平地相结合的混合式竖向设计，增加一定的土石方和防护工程量，对道路和管线布局构成少量限制，但容易营造有特色的城镇景观；15°：是水土流失的一个相对质变点，15°以上水土流失急剧增大。地形坡度8° ~ 15°属于中等适宜城镇建设。当自然地形坡度大于8°，居住区地面连续形式宜选台地式，台地之间需用挡土墙或护坡连接，土石方和防护工程量较大。对道路和管网布局造成较大的限制。地形坡度在25°以上时无法集中安排城市建设用地，也不适合工业仓储用地的交通组织和生产工艺流程组织。可安排少量居住用地。通常道路坡度很陡，需要设专门的布道，以及采用迂回式道路，建设成本显著上升，安全性下降，生活十分不便。

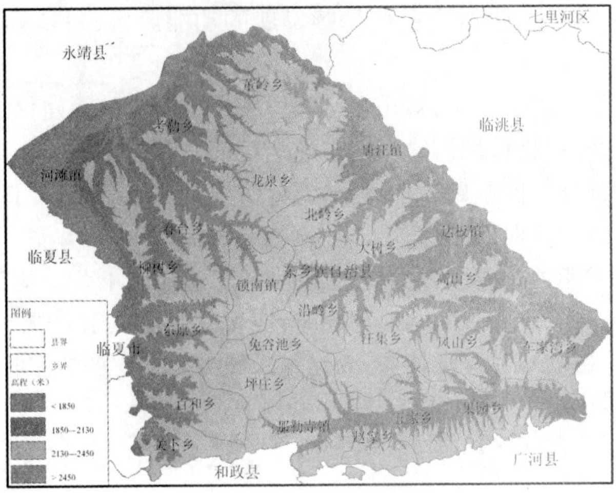

图 5.2　高程分级图

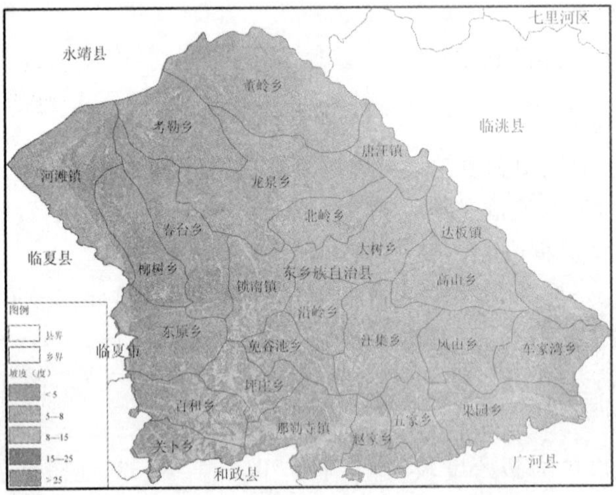

图 5.3　地形坡度分级分布图

表 5.1　东乡县各乡镇地形高程分级数据

乡镇名称	总面积（km²）	<1 850 m		1 850 ~ 2 130 m		2 130 ~ 2 450 m		2 450 ~ 2 587 m	
		面积（km²）	比重（%）	面积（km²）	比重（%）	面积（km²）	比重（%）	面积（km²）	比重（%）
董岭乡	131. 35	10. 45	0. 08	44. 61	0. 34	67. 36	0. 51	8. 92	0. 07
考勒乡	69. 26	10. 71	0. 15	38. 27	0. 55	20. 28	0. 29	0	0
河滩镇	92. 89	66. 92	0. 72	23. 22	0. 25	2. 75	0. 03	0	0
唐汪镇	35. 56	21. 70	0. 61	10. 24	0. 29	3. 62	0. 10	0	0

续表 5.1

乡镇名称	总面积（km^2）	<1 850 m		1 850～2 130 m		2 130～2 450 m		2 450～2 587 m	
		面积（km^2）	比重（%）	面积（km^2）	比重（%）	面积（km^2）	比重（%）	面积（km^2）	比重（%）
龙泉乡	120.15	0.40	0	37.15	0.31	81.94	0.68	0.66	0.01
春台乡	78.43	3.65	0.05	40.46	0.52	34.32	0.44	0	0
柳树乡	57.56	0.08	0	29.94	0.52	27.55	0.48	0	0
达板镇	56.30	27.24	0.48	27.25	0.48	1.82	0.03	0	0
北岭乡	42.90	0.23	0.01	13.09	0.31	29.53	0.69	0.04	0
大树乡	64.59	0.03	0	13.09	0.39	29.53	0.61	0.04	0
高山乡	67.66	1.73	0.03	40.19	0.59	25.74	0.38	0	0
锁南镇	47.21	0	0	4.87	0.10	42.26	0.90	0.07	0
沿岭乡	36.16	0	0	7.98	0.22	28.18	0.78	0	0
东塬乡	61.95	1.61	0.03	37.19	0.60	23.15	0.37	0	0
汪集乡	75.73	1.61	0	37.19	0.19	23.15	0.81	0	0
风山乡	53.97	0.15	0	21.96	0.41	31.86	0.59	0	0
免古池乡	33.87	0	0	0.80	0.02	32.92	0.97	0.15	0
车家湾乡	54.46	0.75	0.01	22.48	0.41	31.23	0.57	0	0
坪庄乡	37.63	0	0	0.03	0	37.58	1.00	0.03	0
百和乡	48.93	0	0	18.32	0.37	30.60	0.63	0	0
五家乡	37.54	0	0	15.22	0.41	22.32	0.59	0	0
果园乡	69.98	0.06	0	40.36	0.58	29.56	0.42	0	0
那勒寺镇	64.06	0	0	15.25	0.24	48.81	0.76	0	0
赵家乡	30.22	0	0	7.77	0.26	22.45	0.74	0	0
关卜乡	33.02	0	0	9.92	0.30	23.10	0.70	0	0

表 5.2　东乡县各乡镇地形坡度分级数据

乡镇名称	总面积（km^2）	<5°		5°~8°		8°~15°		15°~25°		>25°	
		面积（km^2）	比重（%）	面积（km^2）	比重（%）	面积（km^2）	比重（%）	面积（km^2）	比重（%）	面积（km^2）	比重（%）
董岭乡	131.35	2.41	0.02	2.36	0.02	10.69	0.08	35.84	0.27	80.03	0.61
考勒乡	69.26	7.05	0.10	1.95	0.03	6.80	0.10	15.82	0.23	37.65	0.54
河滩镇	92.89	52.31	0.56	6.20	0.07	7.53	0.08	9.62	0.10	17.23	0.19
唐汪镇	35.56	9.98	0.28	1.76	0.05	4.08	0.11	7.51	0.21	12.24	0.34
龙泉乡	120.15	1.78	0.01	2.11	0.02	10.63	0.09	37.73	0.31	67.88	0.56
春台乡	78.43	1.21	0.02	1.26	0.02	7.36	0.09	27.23	0.35	41.37	0.53
柳树乡	57.56	1.24	0.02	1.22	0.02	6.87	0.12	21.02	0.37	27.22	0.47
达板镇	56.30	14.18	0.25	2.53	0.04	5.26	0.09	9.8	0.17	24.54	0.44
北岭乡	42.90	0.47	0.01	0.67	0.02	3.92	0.09	13.42	0.31	24.41	0.57
大树乡	64.59	0.68	0.01	1.04	0.02	5.49	0.09	18.53	0.29	38.86	0.60
高山乡	67.66	1.12	0.02	1.26	0.02	5.50	0.08	17.72	0.26	42.07	0.62
锁南镇	47.21	1.03	0.02	1.27	0.03	8.53	0.18	20.64	0.44	15.74	0.33
沿岭乡	36.16	0.63	0.02	0.68	0.03	4.14	0.18	15.69	0.44	15.03	0.33
东塬乡	61.95	2.83	0.05	1.94	0.03	8.49	0.14	25.78	0.42	22.92	0.37
汪集乡	75.73	1.50	0.02	1.74	0.02	9.66	0.13	29.17	0.39	33.67	0.44
风山乡	53.97	2.19	0.04	1.47	0.03	5.01	0.09	14.44	0.27	30.86	0.57
免古池乡	33.87	0.84	0.02	1.07	0.03	7.34	0.22	16.94	0.50	7.65	0.23
车家湾乡	54.46	1.02	0.02	1.09	0.03	4.79	0.22	14.41	0.50	33.16	0.23
坪庄乡	37.63	1.28	0.03	1.39	0.04	12.50	0.33	18.42	0.49	4.05	0.11
百和乡	48.93	1.50	0.03	2.74	0.04	16.37	0.33	20.37	0.49	7.93	0.11
五家乡	37.54	3.37	0.09	2.0	0.05	6.18	0.16	14.37	0.38	11.61	0.31
果园乡	69.98	6.56	0.09	5.04	0.05	9.06	0.16	18.47	0.38	30.85	0.31
那勒寺镇	64.06	6.76	0.11	3.90	0.06	15.50	0.24	29.68	0.46	8.21	0.13
赵家乡	30.22	2.71	0.09	1.72	0.06	5.99	0.24	12.69	0.46	7.11	0.13
关卜乡	33.02	0.89	0.03	1.54	0.05	12.89	0.39	15.12	0.46	2.58	0.08

从建设用地的地形条件适宜性角度来看，高程小于 1 850 m 且坡度小于 15°的面积仅为 105.57 km^2，只占全县总面积的 6.99%，主要分布在河谷地带，包括河滩镇、唐汪镇和达板镇等乡镇。其中，河滩镇符合条件的面积为 59.17 km^2，达板镇和唐汪镇分别为 19.11 km^2、和 14.34 km^2。

结合实地考察，选取老县城、河滩镇、达板镇与唐汪镇，作为县城重建备选用地的重点评价区域（见图 5.4）。

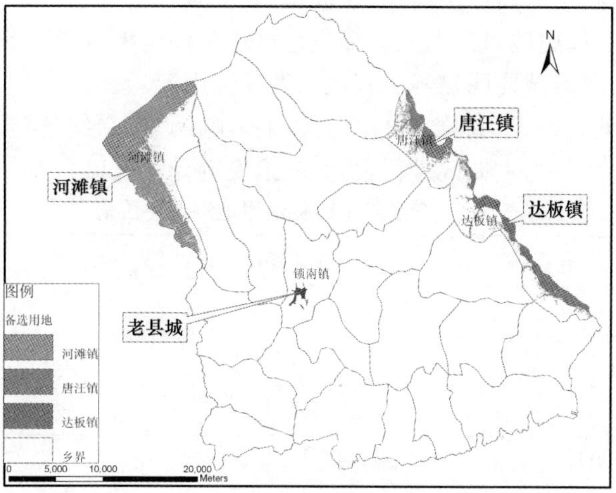

图 5.4　县城重建备选用地重点评价区域

二、备选用地综合评价

对以上 4 块县城重建备选用地进行综合评价，推荐适合县城重建用地的位置和基本范围。综合评价具体考虑以下几个方面：

（1）严格遵守安全第一的原则

重建区要有足够避让地质灾害和地震灾害威胁的区域，或通过工程与生物措施治理，能够使灾害影响区域达到足够安全的要求。老县城滑坡灾害可通过工程措施治理后达到安全要求。另三处备选用地条件也达到安全要求。

（2）生产生活条件相对便利

县城重建区必须具有较便利的生产生活条件，或通过重建能够满足居民就业、产业发展等需求。考虑到备选地的条件及工程建设可行性，应尽可能依托已有城镇开展重建工作。

（3）充分考虑历史、民俗、社会等因素

东乡县 25 个乡镇以锁南镇为中心，沿六大梁六条山沟向四周辐射延伸，县城所在地人口相对集中，交通也比较便利；锁南镇历来是全县的政治、经济和文化中心，明代时这里设锁南坝寨，清代时属东乡八会锁南坝，设有集市；民国二十九年（1940 年）设锁南镇，1950 年 9 月，东乡自治区成立锁南乡；1958 年改为锁南人民公社；1983 年 6 月改为锁南镇。锁南坝镇已成为东乡族的标志，历来是东乡族形成发展、繁衍生息的主要聚居区，是东乡民俗文化、民俗风情和民族语言传承融合的聚集地。其他三处备选用地在这方面作用较为薄弱。

(4)符合资源环境承载能力要求

备选用地基本符合重建的需求,水、环境等条件相对适宜,环境容量充足,不构成对县城重建备选用地的约束条件。

从自然灾害风险性来看,老县城驻地及三处备选用地所面临的地质灾害危险性和地震危险性大小分别为:河滩镇好于唐汪、达板镇,老县城较差。

老县城及三处备选用地目前的人口都是超过资源环境承载能力的。从政治、文化、民族文化等方面来看,老县城要明显好于其他三处备选用地。

综合评价结果见表 5.3。综合考虑以上各个影响因素,最终确定在东乡县城进行原址重建,即老县城仍然作为主城区进行重建,就地安置受灾人口。

表 5.3　东乡县重建备选用地综合评价表

评价指标	老县城驻地	河滩镇	唐汪镇	达板镇
(1)自然灾害风险评价				
地质灾害危险性	较差	较好	一般	一般
地震危险性	一般	较好	一般	一般
(2)资源环境承载能力评价				
人口超载	超载	超载	超载	超载
(3)政治、民族与文化评价				
民族团结因素	好	一般	一般	一般
就业前景	好	一般	较好	一般
综合评价	适宜重建	较适宜	一般	一般

第四节　县城适宜重建用地与可承载人口规模

一、现有建成区范围与人口规模

根据甘肃省国土资源厅和建设厅提供的资料,老县城原有的建成区面积为 149.32 hm^2。覆盖环城北路、环城东路、东西大街、文化路之间及两侧的居民点、交通运输用地、绿化用地等建设范围。图 5.5 为东乡县城建成区大致范围。基于 2008 年接收的 QuickBird 影像,对东乡县城建成区进行标志和测算,总面积接近 149.32 hm^2,故采用国土厅和建设厅提供的建成区数据。按照灾后东乡县城重建方案的建议,老县城在地质工程的削填方及新辟白家山与王家山两个山头后,新增建设用地 29.06 hm^2,重建规划后县城建成区面积共计 178.38 hm^2。

根据东乡县公安局提供的统计资料,老县城建成区范围内常驻人口 2.2 万人,流动人口 0.5 万人,总计 2.7 万人。

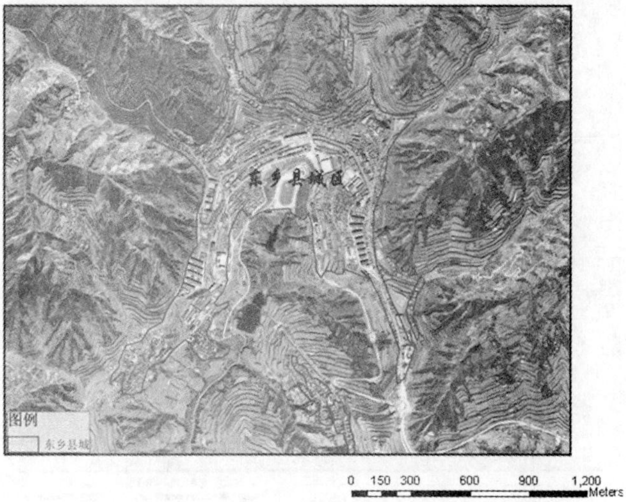

图 5.5　东乡县城建成区范围

二、滑坡回填区与影响区

滑坡回填区位于东乡县城区中心的冲沟,切割深,沟岸坡度大,其两侧边坡是最不稳定的地段,地质灾害最为发育(见图 5.6)。滑坡影响区的确定主要根据灾害危险性、预警预防的可能性。实施工程治理措施后,可将影响区计入县城适宜重建用地范围(见图 5.7)。

滑坡回填区和影响区范围统计如表 5.4 所示。

图 5.6　东乡县城滑坡回填区

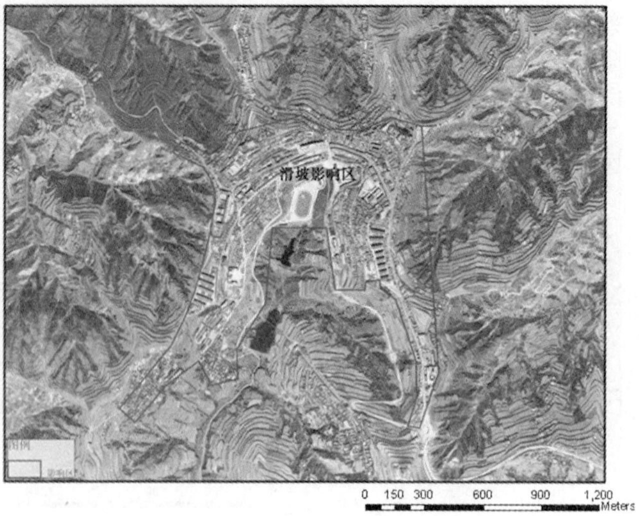

图 5.7 东乡县城滑坡影响区

表 5.4 滑坡对建成区建设用地影响分析

区域	区域范围	面积(km^2)
滑坡回填区	主要分布于城区中心的冲沟	0.2418
滑坡影响区	主要分布在斜坡体Ⅲ级台地以上	0.72

注:滑坡体根据 2008 年接收的 Quick Bird 影像及甘肃省地质环境监测院提供的资料勾勒并计算。

三、适宜重建用地与可承载人口规模

参考国土及建设部门的规划,老县城的建设用地面积变动主要涉及填方和挖方两类工程的四个区域如图 5.8 所示,总计新增建设用地面积约为 29.06 hm^2,其中挖方安置区 1 新增面积为 8.52 hm^2,挖方安置区 2 新增面积为 4.25 hm^2,挖方安置区 3 新增面积为 4.13 hm^2。填方工程区新增建设用地面积 12.16 hm^2(见图 5.8)。

由此在原有建成区面积 1.493 2 km^2 基础上,重新规划后县城适宜建设用地面积达 178.38 hm^2。根据中华人民共和国建设部批准的《城市用地分类与规划建设用地标准》(GBJ 137—90)中的第四章第 4.1.3 条内容:现有城市的规划人均建设用地指标,应根据现状人均建设用地水平,按表 4.1.3 的规定确定。甘肃省东乡县可选择的人均建设用地范围为 60.1 ~ 75.0 m^2,按照 75 m^2 计算,2.2 万人需要建设用地面积为 165 hm^2(见表 5.5)。在重建规划后,新增城镇建设用地 29.06 hm^2,即县城适宜重建地域范围扩大为 178.38 hm^2,可以容纳县城 2.2 万常住人口,今后城区人口不宜超过 2.38 万人。

同时基于《2010 年东乡县统计年鉴》和《2010 年东乡县分乡镇、村基本情况统计表》,按照人均 75 m^2 建设用地的标准,对建成区人口规模及其可承载人口数进行核算,结果如表 5.6 所示。

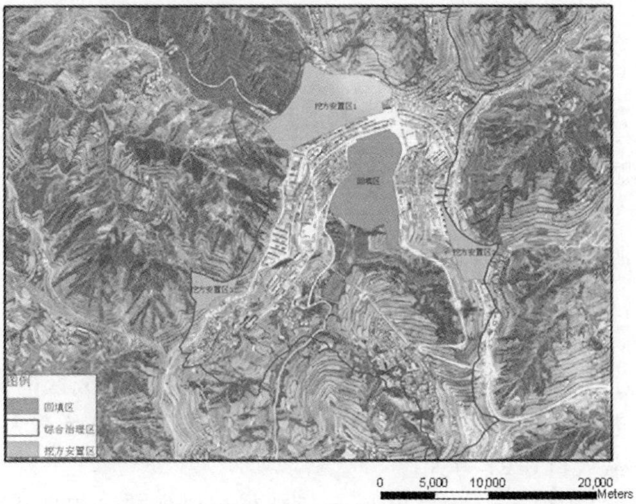

图 5.8　东乡县城重建适宜建设区

表 5.5　现有城市的规划人均建设用地标准

现状人均建设用地水平(m^2)	允许采用的规划指标级别	规划人均建设用地指标(m^2/人)	允许调整幅度(m^2/人)
≤60.0	Ⅰ	60.1～75.0	+0.1～+25.0
60.1～75.0	Ⅰ	60.1～75.0	>0
	Ⅱ	75.1～90.0	+0.1～+20.0
75.1～90.0	Ⅱ	75.1～90.0	不限
	Ⅲ	90.1～105.0	+0.1～+15.0
90.1～105.0	Ⅱ	75.1～90.0	-15.0～0
	Ⅲ	105.1～120.0	不限
	Ⅳ	90.1～105.0	+0.1～+15.0
105.1～120.0	Ⅲ	90.1～105.0	-20.0～0
	Ⅳ	105.1～120.0	不限
>120	Ⅲ	90.1～105.0	<0
	Ⅳ	105.1～120.0	<0

表 5.6　老县城适宜重建地域范围和人口规模一览表

范围	建成区面积(km^2)	人口现状(万人)	可承载人口(万人)	超载人口(万人)
现状	1.4932	2.2	1.99	0.21
重建规划后	1.7838	2.2	2.38	不超载

第五节　全县承载能力评价

以适宜容纳人口规模为指标的全县承载能力，是县城承载能力和全县乡村承载能力之和。根据静态测算，全县目前人口规模已超过了资源环境承载能力，超载人口3万人左右，其中县城在重建规划后不存在超载现象。按现有的发展速度和人口增长速率，全县到2020年人口同资源环境的矛盾将进一步加剧。

一、县城人口适宜规模测算

县城承载能力以原有适宜建设用地加削方填方后新增建成区的面积，按照人均75 m^2 的标准测算。老县城原有建成面积1.49 km^2，可测算得适宜承载人口1.99万人。现有2.2万人口，超载人口0.21万人。

县城规划区建设用地面积为1.49 km^2，重建后可增加建设用地0.29 km^2，总建设用地为1.78 km^2，以人均建设用地75 m^2 计算，今后城区人口不宜超过2.38万人，目前的人口数量不存在超载情况。

按县城现状常住人口2.2万、流动人口0.5万，总计2.7万人计算，则人均建设用地面积为65 m^2，宜居程度较差，但仍处于住房与城乡建设部颁布的《城市用地分类与规划建设用地标准》(GBJ 137—90)中人均建设用地60～75 m^2 的范围内。

二、全县乡村人口适宜规模评估

1.评估目标

东乡县是陇中黄土丘陵地区，全县总耕地面积中山旱地占89.5%。地形中间高、四周低，黄河、洮河、大夏河环县而流，境内山峦起伏，沟壑纵横，土地支离破碎，植被稀疏，十年九旱，灾害频繁，自然条件严酷，全县28万多群众分散居住在1 750条梁峁和3 083条沟壑中，生产生活条件十分艰苦，素有“陇中苦瘠甲天下，东乡苦瘠甲陇中”之说。因此，评估以土地资源为依据，在满足农牧民生产和生活条件下，能够容纳的农牧民人口为总的目标。具体目标是：

①以现状土地利用为依据，2010年农牧民人均收入为基本条件，核算现有土地利用结构的框架下，东乡县能够容纳的农牧民人口。

②根据东乡县土地及其他资源环境条件评价所确定的合理土地利用结构，测算未来土地利用结构调整后，不同土地利用分区可能容纳的农牧民人口，为测算东乡县未来人口的合理容量提供依据。

2.一些关键参数的设定

(1)评估范围

现状评估以乡镇为基本单元，评估对象为农牧民人口。考虑到目前城镇化率较低(非农人口比例3.7%)，评估范围为不包括县城锁南镇的其他23个乡镇。

(2)功能分区及其承载人口的关键参数

参照《东乡县二级土地分类表》，全县耕地面积52 432.08 hm^2(78.6万亩)，根据

《2010年东乡族自治县社会和国民经济统计资料》,2010年末耕地面积为36.78万亩,农作物播种面积为38.18万亩,评估以现有收入为基本依据,故耕地面积采用统计部门的农作物播种面积数据。

人均粮食作物产量,2010年东乡县农牧民人均粮食255.38 kg。根据联合国粮农组织的人均营养热值标准和东乡县实际情况,确定评价标准人均粮食占有量290 kg。

设施农业:参照黄土高原地区棚均设施农业收入,一般为3 000~10 000元不等,考虑到东乡县现有的自然和社会经济条件,按棚均5 000元计算收入,每亩地1个大棚计。

经济林果业:参照黄土高原、陇中黄土丘陵地区种植单产收入和东乡县农民经济林果业收入,按每亩750 kg,每公斤1.8元收入计。

(3)草地承载人口的关键参数

单位面积草地的理论载畜量:以每亩草地合理承载羊单位的数量为准。根据东乡县农牧局有关资料和农业部行业标准《天然草地合理载畜量的计算》核算。全县草地每公顷草地产草量平均2 000~4 000 kg,理论载畜量每公顷1.5只左右。

草场:全县牧草面积为97.9万亩,包括天然牧草地,人工牧草地和其他草地。

出栏率:2010年各类牲畜出栏率达到47.3%,具体出栏率见表5.7。

表5.7　东乡县各类牲畜出栏率

项目	牛	羊	猪	禽
出栏率(%)	24.60	52.80	65.60	46.20

草地承载人口核算:综合各类牲畜市场价,结合本地实际,折合平均每羊单位收入为282元,按照2010年农牧民人均纯收入为1 814元来核算草场可承载的人口。

(4)退耕补贴及森林管护主要参数

退耕补贴参照国家标准,包括补贴款和管护费用,人均按500元计算。森林管护参照我国主要林区最低劳动力需求计算,大约每100 hm^2 1个劳动力,劳动力抚养系数参照东乡县的现状,每个劳动力负担1~3人,取2人/劳动力。

3. 现状土地利用结构下的承载力测算

(1)评估土地类型的选择

根据2010年统计,东乡县农业总产值(农林牧副渔)5.2亿元,其中种植业、牧业和林业产值各占52.6%、43.0%和1.8%。种植业产值2.7亿元,包括谷物、蔬菜、水果类等,牧业产值为2.2亿元,其中比重最高的是羊的饲养。

根据各部门的产值贡献,确定评估选择的土地类型为耕地和牧草地。林地等所占的比重较小,不参与评估。

(2)耕地承载力的测算

以现有亩产水平和种植结构,可以满足人均年产290 kg粮食的乡镇只有8个乡镇,其余乡镇满足不了现有农牧民人口规模温饱水平的粮食需求(见表5.8)。

表 5.8　2010 年耕地承载力测算

乡镇	实际使用耕地面积(亩)	粮食作物总产量(t)	亩产(kg)	人均粮食产量(kg)	可供养人口(人)
锁南	19 168	3 327.6	173.6	249.3	11 474
春台	14 759	2 351.1	159.3	263.8	8 107
柳树	10 410	1 465.7	140.8	231.9	5 054
东原	14 950	3 422.1	228.9	255.5	11 800
河滩	21 310	7 567.2	355.1	251.7	26 094
坪庄	19 575	3 456.9	176.6	265.5	11 920
百和	17 605	3 390.7	192.6	338.6	11 692
关卜	13 525	2 435.9	180.1	305.6	8 400
那勒寺	27 596	5 505.4	199.5	246.6	18 984
赵家	11 159	2 232.9	200.1	245.9	7 700
五家	11 250	2 030.6	180.5	195.3	7 002
果园	17 670	3 458.0	195.7	217.0	11 924
沿岭	9 135	1 233.2	135	211.8	4 252
汪集	22 000	3 260.4	148.2	292.6	11 243
风山	13 240	1 964.8	148.4	353.5	6 775
车家湾	11 055	1 470.3	133	387.6	5 070
高山	9 665	1 201.4	124.3	349.6	4 143
达板	11 060	4 825.5	436.3	191.1	16 640
唐汪	8 234	3 192.3	387.7	226.3	11 008
大树	15 730	2 134.6	135.7	249.6	7 361
北岭	9 742	1 295.7	133	236.4	4 468
龙泉	28 520	3 955.7	138.7	260.8	13 640
考勒	13 790	1 965.1	142.5	232.1	6 776
董岭	20 761	2 684.4	129.3	457.6	9 257
总计/平均	371 909	69 827.5	190.6	6 515.8	240 784

(3)牧草地承载力的测算

目前,实际草场载畜量远远超过理论载畜量,天然草场放牧牲畜头数大约超出实际承载能力 2.55 万只羊单位。按现有家庭经营收入的水平测算,理论上现有草地可供养人口 1.5 万人(见表 5.9)。

表 5.9　牧草承载力测算

乡镇	牧草地面积（hm^2）	实际载畜量（羊单位/km^2）	理论载畜量（羊单位/km^2）	超载羊单位（只）	理论收入（万元）	可供养人口（人）
锁南	2 079.68	1 243.3	150	1 093.3	88.2	486
春台	4 165.12	481.9	150	331.9	176.7	974
柳树	2 938.96	571.3	150	421.3	124.7	687
东原	1 935.21	1 190.2	150	1 040.2	82.1	453
河滩	1 731.56	1 912.1	150	1 762.1	73.5	405
坪庄	1 101.99	1 882.5	150	1 732.5	46.8	258
百和	1 302.9	1 839.2	150	1 689.2	55.3	305
关卜	515.88	3 591.8	150	3 441.8	21.9	121
那勒寺	1 380.51	2 130.8	150	1 980.8	58.6	323
赵家	604.8	2 602.9	150	2 452.9	25.7	141
五家	795.79	2 960.1	150	2 810.1	33.8	186
果园	2 632.93	1 089.8	150	939.8	111.7	616
沿岭	1 178.89	1 142.2	150	992.2	50.0	276
汪集	2 994.88	795.7	150	645.7	127.1	701
风山	2 567.1	533.0	150	383.0	108.9	600
车家湾	3 610.07	302.5	150	152.5	153.2	844
高山	3 783.47	236.4	150	86.4	160.5	885
达板	2 660.93	1 249.5	150	1 099.5	112.9	622
唐汪	2 284.96	778.9	150	628.9	97.0	534
大树	3 335.42	680.1	150	530.1	141.5	780
北岭	2 121	649.7	150	499.7	90.0	496
龙泉	6 197.76	577.7	150	427.7	263.0	1450
考勒	4 086	491.8	150	341.8	173.4	956
董岭	8 785.38	178.4	150	28.4	372.8	2055
合计/平均	64 791.19	1 213.0	150	25 511.8	2 749.1	15 155

（4）现有土地利用方式下承载能力估算

初步估算，以耕地和草地为主要承载方式，目前生产方式和技术水平状态下，全县农牧民超载人口约 3.8 万人，除百和、关卜、汪集、风山、车家湾和高山外，其余各乡镇均有不同程度的超载。也就是说，大约有 3.8 万农牧民需要依靠其他方式维持基本生计（见表 5.10）。

表 5.10　现状土地利用方式下农牧民人口承载估算　（单位:人）

乡镇	耕地承载	草地承载	现有人口	超载人口
锁南	11 474	486	13 348	1 388
春台	8 107	974	8 911	不超载
柳树	5 054	687	6 320	579
东原	11 800	453	13 392	1 139
河滩	26 094	405	30 068	3 569
坪庄	11 920	258	13 020	842
百和	11 692	305	10 015	不超载
关卜	8 400	121	7 972	不超载
那勒寺	18 984	323	22 325	3 018
赵家	7 700	141	9 081	1 240
五家	7 002	186	10 398	3 210
果园	11 924	616	15 933	3 393
沿岭	4 252	276	5 823	1 295
汪集	11 243	701	11 141	不超载
风山	6 775	600	5 558	不超载
车家湾	5 070	844	3 793	不超载
高山	4 143	885	3 436	不超载
达板	16 640	622	25 254	7 992
唐汪	11 008	534	14 107	2 565
大树	7 361	780	8 552	411
北岭	4 468	496	5 481	517
龙泉	13 640	1 450	15 165	75
考勒	6 776	956	8 467	735
董岭	9 257	2 055	5 866	不超载
总计	240 784	15 155	273 426	31 967

注:总数为 28.4 万人,表格计算过程中扣除城镇人口。

4. 功能分区下的承载力测算

(1)土地利用规划

根据东乡县自然地理特征和农业发展、农牧业人口分布现状(见图5.9,图5.10),基于确保发展、逐步减少人口的原则,确定未来东乡县土地利用结果调整的方向是:确保海拔1 850 m以上、25°坡度以上的坡耕地退耕还林,其余地区的耕地仍然为农业发展区域,其中沟谷川道耕地要发展高效农业,海拔1 850 m以下、25°坡度以上坡耕地发展以经济林为主的生态农业,其余地区发展以大田种植业为主的生态农业,牧草地发展生态牧业(见图5.11)。

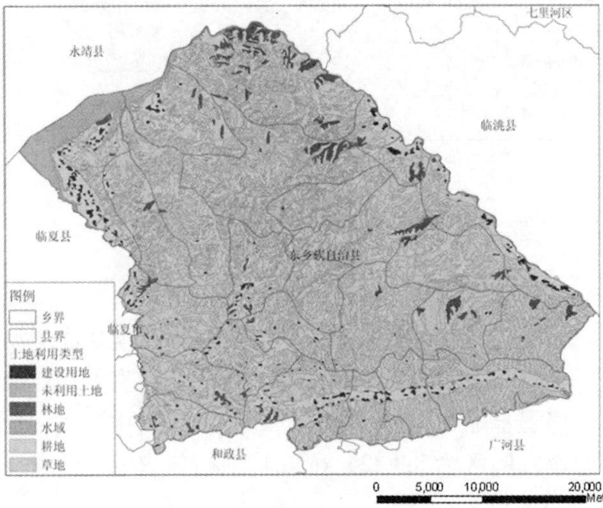

图5.9　东乡县土地利用现状图

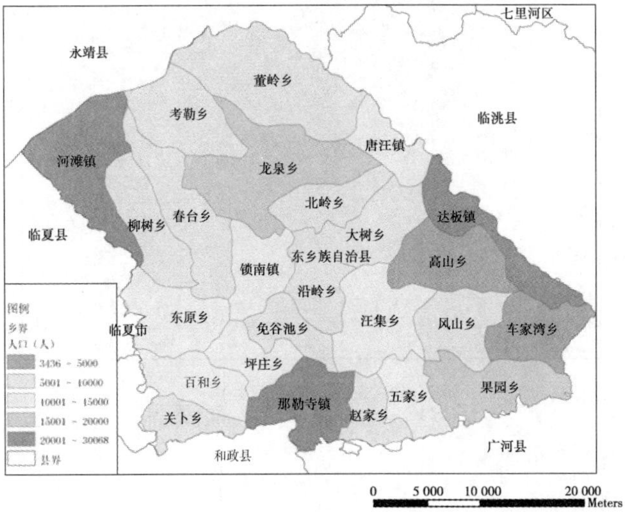

图5.10　东乡县农牧业人口分布图

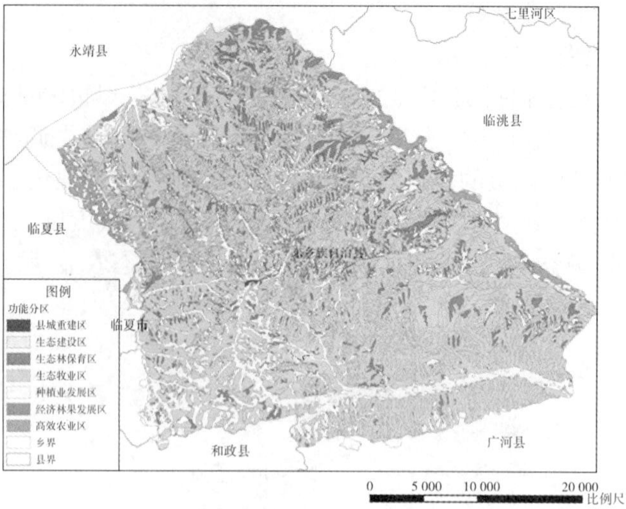

图 5.11　东乡县土地利用规划图

(2)功能类型分区

根据土地利用调整方向,将东乡县未来农牧业与生态用地功能类型划分为 2 大类,即农业发展区和生态恢复区,其中农业发展区包括高效农业和生态农业两种类型,生态恢复区包括林地、难利用的裸露土地和退耕还林的林地(见图 5.12)。各分区面积见表 5.11。依据划分结果,全县农业发展区为 838.24 km^2,其中高效农业区为 70.74 km^2;生态恢复区为 701.98 km^2,退耕还林 264.84 km^2。

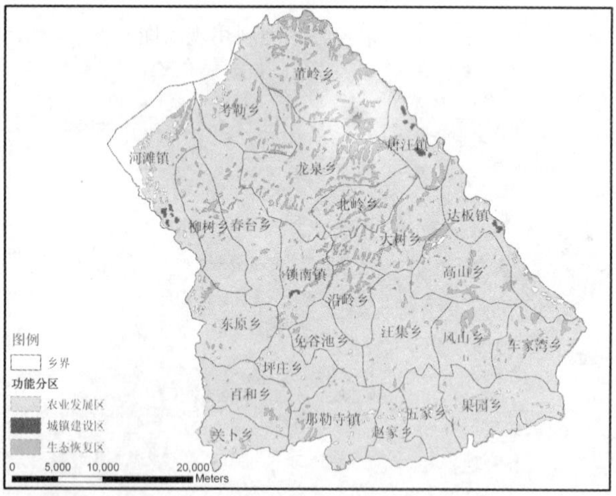

图 5.12　东乡县重建功能分区图

(3)承载能力测算

根据 2010 年确定的农民人均收入水平,测算各类型功能区承载的农牧民人口见表 5.12。

表5.11　东乡县农牧业和生态用地功能类型表　（单位：km^2）

乡镇	农业发展区						生态恢复区			
	小计	高效农业	生态农业				小计	退耕还林	现有林地	难利用地
			小计	种植业	经济林果	牧业				
董岭	116.54	2.91	113.63	25.57	2.47	28.00	59.36	41.81	15.87	1.68
考勒	42.89	1.74	41.15	13.88	2.53	16.35	29.04	14.89	11.28	2.87
河滩	56.49	22.67	33.82	4.15	1.21	14.48	17.12	2.30	13.08	1.74
唐汪	35.95	14.94	21.01	2.05	2.59	5.15	8.32	2.40	5.33	0.59
龙泉	81.85	0.21	81.64	18.17	0.16	36.45	74.32	32.76	36.23	5.33
春台	61.89	0.70	61.19	9.34	0.56	35.12	49.99	12.29	35.04	2.66
柳树	52.44	0.03	52.41	6.93	0.01	22.78	32.15	4.94	26.84	0.37
达板	51.17	15.86	35.31	3.00	1.56	13.85	22.20	4.62	16.52	1.06
北岭	24.34	0.09	24.25	7.72	0.10	12.31	29.88	12.07	15.87	1.94
大树	36.80	0.01	36.79	11.95	0.01	11.57	49.90	17.63	25.85	6.42
高山	46.94	0.85	46.09	12.04	0.55	13.68	40.28	19.75	18.06	2.47
锁南	55.48	0	55.48	8.93	0.19	19.15	27.23	7.38	19.83	0.02
沿岭	31.36	0	31.36	9.16	0.03	12.33	12.31	7.03	4.69	0.59
东塬	71.03	1.29	69.74	16.41	0.08	26.71	21.96	8.82	13.14	0
汪集	65.95	0	65.95	15.78	0	30.61	37.95	15.10	21.89	0.96
风山	40.03	5.25	34.78	9.20	0	14.23	29.04	13.59	14.22	1.23
免古池	33.46	0	33.46	9.55	0	13.33	17.33	5.16	12.17	0
车家湾	42.34	0.19	42.15	10.11	0	17.88	34.78	14.04	20.32	0.42
坪庄	44.89	0	44.89	12.23	0	16.49	15.67	2.53	13.14	0
百和	56.09	0	56.09	11.70	0	19.86	16.43	1.60	14.83	0
五家	45.27	0	45.27	10.70	0	14.91	13.18	5.79	7.16	0.23
果园	79.16	4.0	75.16	22.24	0	21.15	28.14	11.32	16.61	0.21
那勒寺	72.11	0	72.11	19.14	0	25.50	16.77	3.10	13.67	0
赵家	43.05	0	43.05	10.74	0	7.72	13.43	2.67	10.76	0
关卜	41.12	0	41.12	14.44	0	10.72	5.20	1.25	3.95	0
总计	838.24	70.74	767.50	295.15	12.05	460.3	701.98	264.84	406.35	30.79

表 5.12　2010 年各功能分区可承载农牧民人口　（单位：人）

乡镇	实际人口			承载人口			超载
	农业发展区	生态恢复区	小计	农业发展区	生态恢复区	小计	
锁南	12 466	882	13 348	11 170	790	11 960	1 388
春台	8 643	268	8 911	8 807	274	9 081	0
柳树	6 059	261	6 320	5 504	237	5 741	579
东原	13 000	392	13 392	11 895	358	12 253	1 139
河滩	28 787	1281	30 068	25 370	1 129	26 499	3 569
坪庄	12 981	39	13 020	12 142	36	12 178	842
百和	9 770	245	10 015	11 703	294	11 997	0
关卜	7 775	197	7 972	8 311	210	8 521	0
那勒寺	21 794	531	22 325	18 848	459	19 307	3 018
赵家	9 041	40	9 081	7 806	35	7 841	1 240
五家	10 361	37	10 398	7 162	26	7 188	3 210
果园	15 842	91	15 933	12 469	71	12 540	3 393
沿岭	5 273	550	5 823	4 100	428	4 528	1 295
汪集	10 951	190	11 141	11 740	204	11 944	0
风山	5 178	380	5 558	6 870	505	7 375	0
车家湾	3 572	221	3 793	5 570	344	5 914	0
高山	3 110	326	3 436	4 551	477	5 028	0
达板	24 681	573	25 254	16 871	391	17 262	7 992
唐汪	12 777	1330	14 107	10 454	1 088	11 542	2 565
大树	7 425	1127	8 552	7 068	1 073	8141	411
北岭	4 835	646	5 481	4 379	585	4 964	517
龙泉	13 089	2076	15 165	13 024	2 066	15 090	75
考勒	7 915	552	8 467	7 228	504	7 732	735
董岭	5 084	782	5 866	9 804	1 508	11 312	0
合计	260 410	13 016	273 426	242 847	13 091	255 939	31 967

三、利用生态足迹测算全县承载能力

1. 东乡县2010年生态足迹

根据生态足迹的概念和计算方法，对东乡县2010年的生态足迹进行实际计算和分析，数据来源为《2010年东乡族自治县社会和国民经济统计资料》、《2010年临夏州国民经济和社会发展统计提要》。计算主要由2部分组成：①生物资源的消费；②能源的消费。由于目前的统计资料中并没有东乡县能源消费的数据，考虑到东乡县的发展情况，用文献❶中甘肃省的平均值替代；部分数据用临夏州各县的平均数据替代。同时，由于数据的缺失，在生物资源的消费量、能源的消费量的足迹计算中没有考虑贸易调整部分。

生物资源消费部分包括农产品、动物产品、林产品、水果和木材等。生物资源生产面积折算的具体计算中采用联合国粮农组织1993年计算的有关生物资源的世界平均产量资料（采用这一公共标准主要是使计算结果可以进行国与国、地区和地区之间的比较）。

将以上对东乡县2010年的各种生物资源和能源的消费计算得到的各种生物生产面积类型进行汇总，并对各种生物生产面积乘以相应的均衡因子，就得到了按世界平均生态空间计算的东乡县2010年的生态足迹（表5.13）。从表5.13可知，要维持东乡县人口2010年的现状生活水平，东乡县的人均生态足迹为1.84 hm^2。

表5.13　东乡县2010年的生态足迹计算结果

生产面积类型	人均面积（hm^2/人）	均衡因子	人均均衡面积（hm^2/人）
耕地	0.09	2.8	0.25
林地	0.01	1.1	0.01
草地	1.89	0.5	0.94
化石能源	0.57	1.1	0.63
建筑用地	0.00	2.8	0.00
水域	0.02	0.2	0.00
人均生态足迹			1.84

2. 东乡县2010年生态承载力

东乡县2010年现状拥有耕地5.24万 hm^2，森林0.77万 hm^2，草地6.53万 hm^2，水域0.52万 hm^2，建筑用地（包括城市用地和农村建设用地）0.52万 hm^2，各类生物生产面积的人均拥有量数据见表5.14。对人均拥有的各类生物生产面积乘以均衡因子和产量因子，就可以转化为按世界平衡生态空间计算的东乡县2010年的人均生态承载力（见表5.15）。产量因子依据Wackernagel等（1997，1999）对中国生态足迹计算时的取值。

❶ 徐中民，张志强，程国栋. 甘肃省1998年生态足迹计算与分析. 地理学报，2000，55（5）：607-616.

表 5.14　东乡县 2010 年可利用生物生产面积及人均生物生产面积

生产面积类型	面积（万 hm^2）	占全县总面积（%）	人均生产面积（hm^2/人）
耕地	5.24	38.63	0.18
林地	0.77	5.69	0.03
草地	6.53	48.08	0.23
水域	0.52	3.80	0.02
建筑用地	0.52	3.80	0.02

表 5.15 是东乡县 2010 年生态足迹与可利用承载力的汇总比较表。从表中可以看出，东乡县 2010 年人均生态足迹为 1.84 hm^2，而人均生态承载力为 0.995 hm^2，因此东乡县 2010 年人均生态赤字为 0.85 hm^2。从东乡县 2010 年生态足迹的计算过程来看，由于没有考虑进出品贸易（不考虑的原因是缺乏数据并且贸易不大），因此只能是通过消耗自然资本存量来弥补生态承载力不足。因此，东乡县目前的发展处于一种不可持续的状态。

表 5.15　东乡县 2010 年生态足迹与生态承载力计算结果汇总表

人均生态足迹				人均生态承载力				
土地类型	人均面积（hm^2/人）	均衡因子	均衡面积（hm^2/人）	土地类型	人均面积（hm^2/人）	均衡因子	产量因子	生态承载供给（hm^2/人）
耕地	0.09	2.8	0.25	耕地	5.24	2.8	1.66	0.858
林地	0.01	1.1	0.01	林地	0.77	1.1	0.91	0.027
草地	1.89	0.5	0.94	草地	6.53	0.5	0.19	0.022
化石能源	0.57	1.1	0.63	CO_2 吸收	0.00	0.00	0.00	0
建筑用地	0.00	2.8	0.00	建筑用地	0.52	2.8	1.49	0.004
水域	0.02	0.2	0.004	水域	0.52	0.2	1.00	0.084
人均生态足迹			1.84	总供给面积				0.995
生态赤字			0.85					

3. 结果分析

由表 5.15 可知，耕地、林地和水域三种土地类型存在生态盈余，而草地等则表现为生态赤字，整体呈现赤字的情况。草地的人均生态足迹为 0.94 hm^2，生态承载供给为 0.022 hm^2，赤字 0.92 hm^2。东乡县畜牧业是大力发展的产业，其消耗的肉蛋类产品主要通过耕地种植的粮食饲草喂养。

耕地、林地和水域人均生态足迹小于人均生态承载力，表现为生态盈余。原因是东乡县现有的耕地、林地面积还没有被充分利用，而且随着现有的耕地、林地的农产品产量的增加，理论上能够承受该县人民的生态需求。水域的生态盈余是因为刘家峡水库等能进行水生物养殖，除供给全县人民对水产品的需求外，还向外输送一部分产品。由于东乡特殊的地理环境和地质结构，应继续扩大林地规模，加强水土保持的功能。牧草地、化石燃料用地均为生态赤字，而且牧草地赤字很严重，造成总体东乡县生态还是赤字的。这主要是东乡的自然条件和不合理的产业结构以及人类活动导致的。牧草地存在生态赤字，原因是牧草地使用过多，还有就是人口数量的增多，基本的牛羊肉类、蛋类的需求增多。另外，由于东乡的畜牧养殖业产品除供应本地需求外，还远销到其他地区（计算过程中没有贸易调整），这增加当地草地类型的赤字。化石燃料土地存在生态赤字，原因是随着发展，当地工业项目增多，对化石能源生态足迹需求量增大。

4. 相关建议

第一，发展畜牧业特色产业，以部分耕地种植饲草来弥补草地不足。

畜牧产业发展以规模养殖和千家万户养殖相结合，将散户养殖作为重点，同时加强农牧结合式发展。提升畜牧业服务体系水平，加强草产业开发，并结合种植饲草料来补足草料。要坚持以羊产业发展为重点、肉奶牛、家禽、水产养殖等多种畜牧水产业齐头并进发展的产业发展理念，以开发、培植和壮大“东乡手抓羊肉”等特色优势产业和品牌产业为切入点，进一步优化调整产业结构，加快发展高产、优质、生态、高效畜牧水产业，促进产业升级。以转变畜牧水产业生产方式为目标，以发展规模养殖为基础，以科技进步、标准化生产为支撑，坚持集中财力办大事的原则，积极争取特殊政策性扶持，加大畜牧业资金投入，采取政府引导，适当扶持，市场运作，企业为主体的方式，以公司加基地加农户的模式，提高组织化程度，延长畜牧产业链条，加大对龙头企业的扶持力度。根据畜牧水产业发展现状和奋斗目标，按照因地制宜、分类指导、突出重点、适度规模开发的原则，围绕提高畜产品质量和效益，把畜牧水产业特别是羊产业做强做大的要求，突出发展羊产业，加快发展肉奶牛、家禽产业，适度发展肉奶牛、家禽产业和环库区域发展优质水产品养殖。

第二，推广资源利用环境友好型生活生产方式。

随着东乡县工业增长、化石燃料用地生态需求的增大，在满足这些增长需求的同时，实现经济的发展，实现可持续发展，必须继续调整农业生产结构，强化新技术、新产品的推广与利用，大力发展电力、太阳能、沼气等清洁能源，调整能源结构，这样既能减少 CO_2 排放量，直接减少能源消费带来的生态赤字，又能提高生态环境质量。

第三，提高资源的利用效率，减少单位 GDP 的资源利用。

工业经济保持较快增长，经济增长方式有较明显转变，运行质量和效益显著提高，提高资源的利用效率，减少单位 GDP 的资源利用，可减轻人类活动对环境的影响。一是工业结构优化升级，特色产业健康成长，基本形成能源及优势原材料产业群，以支柱产业为支撑、特色优势产业为依托、高新技术产业为先导、区域经济协调发展的特色工业体系。二是重点企业优势明显增强，一批有竞争力的大型企业、企业集团发展壮大，工业整体素质明显提高。依托优势产业及企业，形成一批特色突出、市场竞争力较强的企业群体、大企业。三是比较完善的、适应社会主义市场经济要求并符合县情的工业管理体制及运行机制基本形成。四是持续发展能力增强。认真实施好《甘肃省循环经济总体规划》和《临夏州循环经济发展规划》，培育形成一批循环经济型生态工业园区及工业企业，资源节约和综合利用水平进一步提高。单位生产总值能源消耗、工业固体废弃物综合利用、工业用水重复利用率、主要污染物排放控制在省、州下达的指标范围以内。

第四,发展有地域特色的民族性、生态性旅游业。

一是要加强组织领导,采取政府主导、市场运作的方式大力发展旅游业。筹建旅游公司,完善旅游服务体系。二是突出民族特色,打造民族旅游品牌。有选择地开放一批具有代表性的清真寺和拱北,编制最佳旅游线路,推介“穆斯林民族宗教文化游”,选择一部分体现民族建筑艺术和特色的民居为旅游点,接待体验穆斯林生活的游客,打造真正具有民族特色的旅游品牌。三是推进宾馆饭店、旅行社的发展。四是积极宣传推介,树立东乡旅游新形象。可通过举办东乡族文化艺术节,宣传民族特色,展示东乡文化。编辑、出版、发行以介绍东乡风光、民俗风情为主的宣传册、纪念册和光碟等影像制品。在主要交通干线用广告、版画等形式,设置导游示意图。五是注重和加强培训,建设旅游专业队伍。积极委托省内外大专院校系统培训本县旅游发展所需的各类人才,提高东乡县的旅游管理水平。六是立足资源优势,建设地方特色旅游景观。强化对库区沿岸基础设施的建设规划,吸引更多的企业前来投资开发旅游资源。充分利用刘家峡库区沿岸的旅游资源,充分挖掘唐汪杏花村、河滩风景区、达板经济园区等特色资源,建设一批沿库集休闲、娱乐、度假、餐饮的旅游胜地,做大大夏河、黄河、洮河等水源区的生态旅游。

第五,提高教育水平和人民素质,控制人口。

继续深化“教育立县”战略,千方百计加大投入,大力实施基础教育巩固工程、职业教育提升工程、队伍素质强化工程“三大工程”,整合教育资源,改善办学条件,提高办学效益,努力推进各类教育均衡发展。提高人民素质,以稳定低生育水平、统筹解决人口问题为主线,着力解决人口数量、素质、结构、分布问题。

第六,保护自然和管理生态系统,维持生态系统服务,完善生态补偿机制。

遏制生态环境破坏趋势。水土保持重点预防保护区及重点监督区等重要生态功能区的生态系统和生态功能得到保护与恢复;在切实抓好现有自然生态资源建设与管理的同时,抓紧建设一批新的自然生态保护示范性工程,使各类良好自然生态系统及重要物种得到有效保护;建立、健全生态环境保护监管体系,使生态环境保护措施得到有效落实,重点资源开发区的各类开发活动严格按规划进行,生态环境破坏恢复率有较大幅度提高。全县基本自然生态系统良性循环,城乡居民生产生活环境得到较大改善。努力建设生态文明,实现人与自然、环境与经济、人与社会的和谐相处。

四、应用 IPAT 等式评估东乡土地利用与可承载人口规模

IPAT 等式定义为:环境影响(I)是人口(P)、富裕(A,人均消费或生产)和技术(T,单位消费或生产的环境影响)的乘积。IPAT 模型说明了环境影响是 3 个关键驱动力动态影响的结果,以此建立了人文因素与环境影响之间的账户。

此次评价以 IPAT 等式构建东乡县现状及未来发展情景,定义 I 为土地需求量,P 为人口,A 为人均 GDP,T 为单位 GDP 的土地面积。公式表达为:

$$I(\text{土地需求量}) = P(\text{人口}) \times A(\text{人均 GDP}) \times T(\text{单位 GDP 土地面积})$$

反之,用现有的最大土地供应量,可测算需要的技术水平。公式表达为:

$$T = I(\text{土地量}) / P(\text{人口}) \times A(\text{人均 GDP})$$

生态足迹和县域乡村承载能力的计算结果表明，人均赤字0.85 hm^2，整个乡村超载3万人，表明超载的3万人对环境增加影响为2.535万 hm^2 土地。因为生态足迹可表征出人类对环境的影响（土地需求量），故用生态足迹来代替 I，通过IPAT等式测算不同情景下未来的承载情况，并提出相应的发展建议。

情景1：考虑在 T 保持不变的情况下，人口年均增长率为1.5%，GDP增长率按10%，计算2020年对环境的影响。

情景2：考虑在2020年人口不超载的情况下，人口年均增长率为1.5%，GDP增长率按10%，计算技术进步率应该达到的水平。

情景3：保证技术进步年增长率为12%的前提下，人口年均增长率为1.5%，GDP增长率按10%，需多少年才能达到人口不超载的情况。

表5.16　IPAT等式计算结果

	年份	*P*	*A*	*T*	*I*
情景1	2010	28.4	2 794.5	6.6	523 186
	2020	33.0	7 248.2	6.6	1 574 866
	到2020年，人均对环境影响力将是2010年的2.5倍				
情景2	2010	28.4	2 794.5	6.6	523 186
	2020	33	7 248.2	1.18	282 624
	到2020年保持人口不超载则需要年均技术进步率为15.8%				
情景3	2010	28.4	2 794.5	6.6	523 186
	2045	47.8	78 532.3	0.075	282 563
	如保持技术进步率为12%，则至少需要到2045年才能达到人口不超载的情况				

根据表5.16计算的结果可知，要想未来人口在资源环境承载能力下，必须提高技术进步率，加大投资力度，减少单位GDP对环境的影响；同时考虑劳务输出，则会减少人口对环境的压力。

附注：生态足迹方法简介

1. 生态足迹概念

20世纪90年代初Rees和Wackernagel等提出了生态足迹的概念，它通过测定现今人类为了维持自身生存而使用的自然生态系统的量来评估人类对生态系统的影响。任何已知人口（某个人、一个城市或一个国家）的生态足迹是生产这些人口所消费的所有资源和吸纳这些人口所产生的所有废弃物所需要的生物产生面积（biologically productive area，包括陆地和水域）。将一个地区或国家的资源、能源消费同自己所拥有的生态承载力进行比较，能判断一个国家或地区的发展是否处于生态承载力的范围内，是否具有安全性。

生态足迹的计算是基于以下假设：①人类可以确定自身消费的绝大多数资源、能源及其所产生的废弃物的数量；②这些资源和废弃物流能折算成生产和消纳这些资源和废弃物流的生物生产面积或生态生产面积。

在生态足迹指标计算中,各种资源和能源消费项目被折算为耕地、林地、草场、建筑用地、化石能源土地和水域等6种生物生产面积类型。耕地是最有生产能力的土地面积类型,它提供了人类所利用的大部分生物量。草场的生产能力比耕地要低得多,而从植物转化为动物生物量使人类损失了大约10%的生物量。由于人类对森林资源的过度开发,全世界除了一些不能接近的热带丛林外,现有林地的生物量生产能力大多较低。化石能源土地是人类应该留出用于吸收 CO_2 的土地,但事实上目前人类并未留出这类土地。由于生态经济研究的谨慎性考虑,在生态足迹的需求计算中,考虑了吸收 CO_2 所需要的化石能源土地面积。海洋生物生产量的95%以上主要集中在约占全球海洋面积8%的海岸带,并且目前海洋的生物生产量已接近最大。

由于这6类生物生产面积的生态生产力不同,要将这些具有不同生态生产力的生物生产面积转化为具有相同生态生产力的面积,以加总计算生态足迹和生态承载力,需要对计算得到的各类生物生产面积乘以一个均衡因子(equivalence factor),某类生物生产面积的均衡因子等于全球该类生物生产面积的平均生态生产力除全球所有各类生物生产面积的平均生态生产力。现采用的均衡因子分别为:耕地、建筑用地为2.8,森林、化石能源土地为1.1,草地为0.5,海洋为0.2。均衡因子为2.8,表明生物生产面积的生物生产力是全球生态系统平均生产力的2.8倍,取后者为1。均衡处理后的6类生态系统的面积即为具有全球平均生态生产力的、可以相加的世界平均生物生产面积(生态足迹)。

2. 生态足迹指标计算与分析

(1) 各种消费项目的人均生态足迹分量计算公式为:

$$A_I = C_I/Y_I = (P_I + I_I - E_I)/(Y_I \times N) \tag{1}$$

式中　I——消费项目;

Y_I——生物生产土地第 I 种消费项目的年(世界)平均产量(kg/hm^2);

C_I——I 种消费项目的人均消费量;

A_I——第 I 种消费项目折算的人均占有的生物生产面积(人均生态足迹分量),hm^2/cap;

P_I——第 I 种消费项目的年生产量;

I_I——第 I 种消费项目年进口量;

E_I——第 I 种消费项目的年出口量;

N——人口数。

(2) 人均生态足迹为:

$$EF = \sum R_J A_I = \Sigma R_J (P_I + I_I - E_I)/(Y_I \times N) \quad (J = 1, 2, 3, \cdots, 6) \tag{2}$$

式中　EF——人均生态足迹,hm^2/人;

R_J——均衡因子。

区域总人口的生态足迹为:

$$EF = N \times (EF) \tag{3}$$

式中　EF——总人口的生态足迹,hm^2/人;

N——人口数。

(3) 生物承载力(生态足迹供给)计算

$$EC = N \times ec = N \times A_J \times R_J \times Y_J$$

式中　ec——人均生态承载力,hm^2/人;

EC——区域总人口的生态承载力供给,hm^2;

N——人口数;

A_J——实际人均占有的j类生物生产土地面积,hm^2/人;

R_J——均衡因子;

Y_J——产量因子。

某个国家或地区某类土地的产量因子是其平均生产力与世界同类土地的平均生产力的比率,如耕地面积的产量因子取为1.66,表明耕地的生物产出率是世界耕地平均产出水平的1.66倍。将现有的耕地、草地、林地、建筑地、海洋等物理空间的面积乘以相应的均衡因子和当地的产量因子,就可以得到带有世界平均产量的世界平均生态空间面积——生态承载力。同时出于谨慎性考虑,在生态承载力计算时应扣除12%的生物多样性保护面积。

(4)生态赤字与生态盈余

生态足迹指标将人类消费的资源和能源折算成全球统一的、具有同等生态生产力的地域面积,就可以进行不同区域的比较。区域的生态足迹如果超过了区域所能提供的生态承载力,就出现生态赤字;如果小于区域的生态承载力,则表现为生态盈余。区域的生态赤字或生态盈余,反映了区域人口对自然资源的利用状况。

第六章　灾后重建政策建议

第一节　灾后重建基本思路

一、重建意义

东乡县是全国唯一的以东乡族为主体的少数民族自治县，也是国列省扶重点贫困县。县政府驻地位于县境内中部锁南镇，它是全县政治、文化教育中心，已是东乡族的标志。东乡族自称“撒尔塔”，县城历来是东乡民族形成、发展、繁衍生息的主聚居区，是东乡民俗文化、民俗风情和民族语言传承融合的聚集地。“撒尔塔文体广场北部滑坡”给当地人民群众的生命财产安全造成重大威胁，严重扰乱了正常的社会经济秩序。为了保护东乡族独有的民族特色，灾后县城原址重建，体现了国家民族团结等政策。

二、指导思想

深入贯彻落实科学发展观，以人为本，统筹兼顾，科学规划，合理布局，政策支持，合力推进，人与自然和谐相处。在资源环境承载力范围内，充分发挥基层组织的积极性和创造性，充分发挥灾区群众的主体作用，协调联动，多方调度，全力开展生产自救、重建家园。着力抓好城乡居民住房恢复重建和公共服务设施及基础设施建设，做到灾后恢复重建和促进民族地区经济社会发展相结合，提高防灾减灾能力和生态环境综合治理相结合，着力构建和谐社会。

三、基本原则

1. 科学规划、统筹兼顾

科学制定重建规划和实施方案，灾后重建要与小城镇建设、新农村建设相结合，与地质灾害点搬迁相衔接，与当地自然条件、人文风貌相协调，与改善人居环境、方便群众生产生活相统一，统筹恢复重建与发展提高，统筹生产生活条件重建与就业机会重建，统筹农村重建与城镇重建，统筹生活家园重建与精神家园重建。

2. 突出重点、远近结合

紧抓灾害综合治理工程，有序开展重建工作，重点开展城乡居民住房、公共服务设施及基础设施等建设，保障人民群众的日常生产生活；坚持近期恢复与长远减灾抗灾相结合的原则，分辨轻重缓急，科学安排恢复重建工作。

3. 创新机制、协作共建

建立“国家支持、自力更生、政府主导、社会参与、市场运作、多元投资”的重建机制，把自力更生、生产自救与多方支持结合起来。积极争取外界人力、物力、财力、智力支持，广泛吸引社会各界参与灾后重建。

4. 统一政策、分类指导

既要制定明确的工作程序和统一的扶持政策，又要结合实际，针对不同的重建方式、重建对象及其承受能力，制定具体的实施方案，对集中重建户和特困对象给予重点帮扶。

四、重建目标

2011 年年底前，基本完成城乡居民住房维修加固任务。2013 年年底前，全面完成城乡住房、公共服务设施和基础设施等各项恢复重建任务，使灾区基本生产生活条件和经济社会发展全面恢复并超过灾前水平，防灾减灾能力明显增强，植被覆盖率逐年提高，环境质量有效改善，形成各民族共同团结奋斗、共同繁荣发展的良好局面，共建和谐美好新家园。

五、建议的重建范围、主要建设内容

拟重建范围东起牙口台阶，南至撒尔塔文体广场，西至木材市场 213 国道东侧，北至环城北路。建议的规划重建项目涉及城乡居民住房、公共服务设施、基础设施、商贸金融、征地拆迁建设、灾害治理等方面。

第二节　灾后重建政策建议

根据适宜重建地域类型和地域范围的评价过程及结果，对东乡县城滑坡灾后恢复重建提出以下政策建议：

①建议东乡灾后重建为原址重建，应首先进行滑坡等地质灾害治理，并建立完善的防灾减灾体系。

②县城灾后重建应首先开展城乡居民住房建设、基础设施和公共服务设施等建设，确保人民群众的日常生产生活稳定。

③县城应严格控制人口集聚规模和产业发展方向，走人地和谐、资源环境与社会经济协调发展的可持续发展之路，将县城建设成为东乡县的政治、文化中心。由于相对不利的自然地理环境，以及用地、区位等建设条件的约束，县城滑坡前后的资源环境承载能力都非常有限，不适宜人口和工业经济的大规模集聚，不适宜发展对生态环境干扰较大的生产活动，应严格禁止环境污染型或生态破坏型产业的布局。

④东乡灾区恢复重建宜遵循“全县总体保护、重点城镇建设、适度复合发展、各地特色分工”的地域空间布局，全县都应把生态治理、生态恢复、生态保护优先作为发展的准则，走生态保护和生态产业相结合的发展道路。

第七章　防灾减灾体系建设

第一节　指导思想与基本原则

一、指导思想

以科学发展观为指导，按照“以人为本、群测群防、合理避让、重点治理、保障安全”的防治方针，统筹兼顾、突出重点、尊重自然、着眼长远、科学建设，以群众为基础、政府为主导，综合运用行政、法律、科技、市场等多种手段，建立健全防灾减灾体系和运行机制，切实保障人民生命财产安全，促进少数民族地区经济社会长期可持续发展。

二、基本原则

以人为本，民生优先。尊重群众意见，始终把保障人民群众生命财产安全置于优先位置，防灾减灾体系建设与社会经济可持续发展相协调。

政府主导，分级管理。建立政府主导、部门协同、社会参与的综合性防灾减灾体系。明确目标，落实责任，共同努力提高减灾能力和风险管理水平。

统筹兼顾，重点突出。要以防为主，防、抗、救相结合，建立完善的应急救援体系、灾后救助体系、救灾物资储备体系和防灾减灾宣传服务体系。

第二节　防治目标

通过防治体系的建设力求达到以下目标：

第一，形成较为完善的防灾减灾工作管理体制和运行机制。

第二，制定合理、完备的救灾应急预案，提高政府应急管理能力。

第三，采取工程治理与生物措施相结合的方式，对威胁城镇居民和重要交通、工程设施安全的严重地质灾害点进行有计划防治。

第四，开展多种形式的防灾减灾宣传教育活动，使人民群众的防灾减灾意识和知识水平得到全面提高，建立起有效的群测群防系统。

第三节　防灾减灾体系建设思路

防灾减灾体系建设必须与东乡的经济发展水平以及经济发展规划结合起来，并充分考虑东乡人民的承受能力，要同时做好地质灾害防治与监测的宣传教育工作，有效降低地质灾害造成的人员伤亡及经济损失。在灾害防治与监测手段上，要针对不同等级的灾害点采取不同的防治与监测措施，尤其是具有重大潜在威胁的地质灾害点，要采用专业监测手段。同时，在灾害防治与监测组织管理结构上，要做到责任分工明确，信息传递迅速，措施及时有力。具体思路见图7.1。

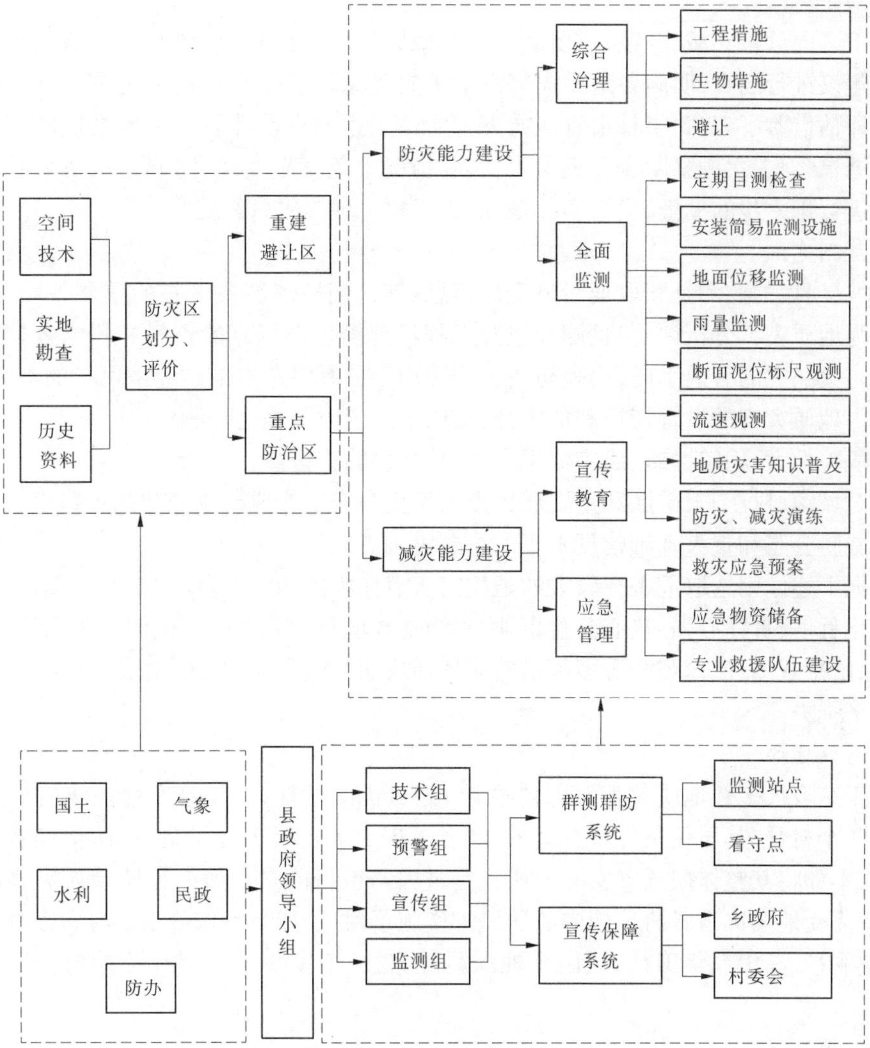

图7.1　防灾减灾体系建设思路图

第四节　防灾减灾体系建设建议

一、防灾体系建设建议

东乡县自然灾害主要有地质灾害、地震灾害和气象灾害三类，三者之中以地质灾害危害程度最高，且地震灾害和气象灾害易引发次生地质灾害，因此东乡县的防灾减灾体系建设主要针对地质灾害，在此基础上综合考虑地震灾害和气象灾害进行全面构建。建议对县内地质灾害点进行全面勘察，在明晰各灾害点的灾害类型、危害对象、危害范围的基础上评价、划分防治区域，建立监测体系和治理体系，提高防灾能力。具体提出以下几点建议。

1. 勘查建议

对于区内危害县城、乡镇、重要居民点及威胁厂矿、公路等重要基础设施的重要地质灾害点建议进行勘查，明确各地质灾害点的灾害类型、危害对象、危害范围。本次生态承载能力评估借鉴了2003年甘肃省地质灾害防治工程勘查设计院对东乡县地质灾害情况的勘察结果，但上次勘察距今已近十年，实际情况难免发生变化，因此建议对全县地质灾害情况进行进一步的勘查，摸清实际情况，为工程治理提供可靠资料。

2. 监测建议

滑坡、崩塌的监测是获取崩滑体变形信息、掌握崩滑体演变过程的重要手段，通过监测可以为地质灾害分析评价、预测预报及工程治理等提供可靠的资料和科学依据。监测预报是防灾减灾的有效手段，也是防治工程费用十分有限条件下的经济可行的减灾措施。根据区内地质灾害的发育特征和危害性，按以下选定原则确定监测点：

①危险性大、稳定性差、成灾概率高、灾情严重的灾害点；

②对城镇、村庄、工矿区和重要居民点人民生命安全构成严重威胁的灾害点；

③威胁公路和重大基础建设工程的重要灾害点。

根据上述原则选取危害性较大的地质灾害点作为监测点，由乡、村两级政府选择具有一定文化程度、责任心强、热心公益事业、对当地环境较为熟悉的村民作为观测员，采取定期目测、雨量观测、流速观测等多种措施对地质灾害点进行监测，最大限度地减少受灾人数和经济损失。

3. 避让建议

对于东乡大多数地质灾害而言，“避让”是最优的选择，由于这些地质灾害威胁的往往只有一个村社，其居住条件本身就差，加上工程治理费用十分昂贵，在防治经费有限的条件下，不如将其整体搬迁。实际上避让是过去乃至目前东乡境内预防地质灾害的主要措施，许多受地质灾害威胁范围内的居民均实施了搬迁，如受滑坡威胁的春台乡红阳洼小学、小壑岘社、高山乡年田社、风山乡池滩村陈家社、王家乡尕朱家社及大树乡妥牙沟社等。

4. 治理建议

通常的地质灾害治理方式主要有工程措施治理和生物措施治理两种。工程治理措施一般用于治理威胁资产和人员数量大、搬迁避让费用高于工程治理费用的地质灾害。此外通过工程治理可以产生巨大的经济效益、社会效益和减灾效益。东乡地质灾害数量多，地质灾害工程治理费用巨大，因此须采取多种治理方式分期分批实施，以缓解防灾经费紧张的压力。对于危害性较小的地质灾害区域建议采用生物措施治理方式进行治理。同时从长远看，恢复植被，合理垦殖的生物防治方案无疑是根治地质灾害的重要措施。事实证明，改变不合理的耕作方式，调整不合理的产业结构，完全可以在保证经济收入的前提下有效减少地质灾害的发生。

东乡县气象干旱，地质环境条件恶劣，水土流失极为严重，但宜林地面积广，占全县总土地面积的37.6%，林业发展潜力很大，应大力开展种草植树，营造水土保持林和经济林，同时强化退耕还林力度，加大生态环境建设的投入，彻底改善区内生态环境，扼制水土流失和地质灾害的发生、发展。同时调整不合理的产业结构，正确解决农、林、牧、薪之间的矛盾，以多元化经济形式保证地方经济收入的稳定发展。

二、减灾体系建设建议

在注重防灾能力建设的同时要注重减灾能力的建设，在地质灾害发生时将其危害降至最低。结合东乡县实际情况，对防灾能力建设提出如下建议。

1. 应急能力建设建议

(1)完善应急预案，建立灾害应急指挥系统

按照突发公共事件应急管理工作要求，完善各级地质灾害救助应急预案，开展应对地质灾害救灾演习，全面提高综合防御地质灾害的能力。建立市、县地质灾害应急指挥系统，健全灾区救灾应急指挥、预警预报、灾情上报等功能。

(2)建立城乡地质灾害避难场所

在灾害高风险区内的城镇和人口密集区建设综合避难场所；制定避难所、避难场地和疏散通道的技术标准和规范；建立避难所、避难场地和疏散通道的分级建设和管理标准；建设配套的各种防灾减灾设备。

(3)加快救灾物资储备库建设

加快建设县、乡、村三级物资储备库。增加物资储备种类和数量，改善仓储和装运条件，建成统一调度、布局合理、功能齐全、运转高效、保障有力的应急物资储备体系，为应对重大地质灾害等突发事件提供保障。

(4)加强和充实专业救援力量，依托武警、消防、民兵预备役等，建立针对地质灾害的应急救援专业队伍，配备应急救援装备，加强应急救援训练，提高防灾减灾专业队伍应急救援能力。

2. 加快应急救援和指挥能力建设

(1)建设综合减灾教育基地，普及防灾减灾知识

建设功能齐全、设备先进、面向社会公众的综合减灾科普教育基地，并逐步形成完善的科普教育体系。开展地质灾害综合减灾科普教材编制工作，充分利用各种媒介多种形式普及自然灾害知识，全面提升社会公众对防灾减灾的参与程度，扩大防灾减灾受教育人群，提高社会公众对各种灾害信息的理解和心理承受能力，提高全社会防灾减灾意识。

(2)组织防灾减灾演练，提高群众应对能力

明确部门职责，由相关部门定时组织地质灾害危险区内的群众进行防灾减灾演练，增强群众的防灾减灾意识，提高群众在面对自然灾害时的综合应对能力。

第八章　可持续发展体系建设

东乡县工业基础薄弱,各种自然条件、地质结构也决定该区域不宜发展大规模工业,要使当地居民在重建后有可持续发展的能力,关键是转变土地利用方式和重新规划其功能布局,针对各功能区进行合理规划。

县城　建议定位为全县的政治和文化中心,严格控制人口集聚规模和产业的发展方向。考虑人口的自然增长,需要提前做好部分产业和部门(建筑业、建材业、地方特色的加工业等产业、学校等部门)转移的规划。重建区首先需要做好防灾减灾体系的建设,做好人饮工程、给排水工程建设。

生态恢复区　坡度25°以上的耕地有15.68万亩,应全部退出。坡度15°～25°的耕地44.44万亩,除保留梯田外,其余应尽量退出,发展果林经济和种植多年生牧草。以天然气、沼气、太阳能等替代薪柴,对这些替代能源的使用给予足够的价格补贴;提高生态补偿标准,使从事生态建设的从业人员的实际收入尽快接近全国农民的平均收入水平;延长退耕还林的补贴年限,考虑到东乡县(陇中黄土丘陵限制开发区)生态恢复的难度,建议一开始就确定16年的退耕还林规划。

农业发展区　有耕地17.96万亩,这部分耕地水热条件良好,应以发展高效农业和设施农业为主。畜牧业发展将规模养殖与散户养殖结合起来,以羊产业为重点,加快发展肉奶牛、家禽等产业,在环库地区发展优质水产品养殖。统筹大农业的结构调整,积极推广全膜覆盖等高效旱作农业技术,拓展东乡洋芋等特色产品的运销、加工的产业链条。推动大接杏等特优农产品的开发。在严格保护的基础上,合理开发利用民族性、生态性的旅游资源。建议加大投资力度,提高技术进步率,同时增加农牧民培训,加强向工业的劳动力转移,增加劳务输出。

产业园区　发展应将吸收农牧业的剩余劳动力作为一重要目标,同时加强城镇化的建设,提高当地居民收入水平。其中,东部的达板园区、唐汪园区发展物贸流通、工业经济、能源开发,建设面向兰州的鲜羊肉配送基地和区域物流商贸集散地;西部的河滩、东塬园区,可发展高效农业、旅游产业、水产养殖,加强道路、水利、生态、市场、公共服务基础建设。努力将它打造成连接临夏区域经济中心和沿黄经济带的枢纽。

第一节　产业发展名录和产业发展导向

东乡县属于国家级主体功能区中的限制开发区(陇中黄土丘陵水土保持限制开发区),要坚持保护优先、适度开发、点状发展,因地制宜发展资源环境可承载的特色产业,加强生态修复和环境保护,引导超载人口逐步有序转移。产业发展导向和产业发展名录制定要符合国家主体功能区的要求,鼓励发展环境友好型和生态友好型产业,适当发展对环境影响较小的电力、金融等行业,限制发展对环境影响较大的产业,禁止发展污染严重、占地较大的产业,促进东乡县经济、生态、环境、社会可持续发展。

一、产业发展名录制定的依据

①要符合国家限制开发区的要求。依据国家主体功能区限制开发区的要求,东乡产业发展名录选择要以资源消耗小,环境影响弱的环境友好的农林牧特色产业、加工业和服务业为主体,其他产业要按照严格的产业准入门槛进行筛选。

②依托民族地区大市场,融入兰州都市圈,在加大财政转移支付基础上,要发展地区优势和特点,发展特色农牧业、加工业和旅游业等特色经济。要严格限制发展环境污染重的产业,同时要提高资源类产业综合利用率,减少废弃物的排放。

③要与临夏州和东乡县"十二五"规划相一致,依据临夏州和东乡县的发展思路,东乡要"依托藏区大市场,融入兰州都市圈",建立以农畜产品生产供应、清真食品和民族特需用品生产,发展有地域特色的民族性、生态性旅游业和商贸业等为主体的生态和环境友好型产业体系。

二、产业发展名录制定的原则

1. 生态主导原则

产业发展不能对生态保护和修复造成威胁,严格限制污染类产业发展,控制矿产资源的大规模开发,鼓励和支持地方特色和优势产业发展。

2. 以人为本原则

积极引导和发展能够促进当地居民就业,增加居民收入的特色产业。

3. 合理布局原则

产业发展导向要与灾后小城镇重建、基础设施改善、居民安置点布局有机结合,以点状开发、集聚发展为主导。

三、产业发展名录

根据上述依据和原则,以及国家产业政策、当地的资源优势和产业基础等,在重建规划中制订了东乡县鼓励发展的产业、适度发展的产业、限制发展的产业和禁止发展的产业名录(见表8.1)。

四、产业发展导向

1. 鼓励发展类产业

鼓励支持东乡县具有资源优势的农林牧副特色产品的种植和加工业发展,围绕唐汪大接杏、河滩大红袍花椒等在适宜地区建设优质林果业产业基地,依托唐汪葵花籽、洋芋等特色种植业,开发优质种植业基地;以开发、培植和壮大"东乡手抓羊肉"等特色优势产业和品牌产业为切入点,发展畜牧业以及羊肉等肉奶类加工产业;在优势资源基础上,支持在县城发展清真食品和民族特需用品加工业,民族特色刺绣产业以及洋芋淀粉系列产品和薯条、薯片等休闲食品开发。利用当地特色食品、民族建筑艺术等民族文化编制最佳旅游线路,推介"穆斯林民族宗教文化游",推进生态旅游和文化产业的发展。围绕就业和居民生活需求,在县城和乡镇积极发展商贸流通和社区等服务业。

2. 适度发展类产业

在不破坏生态和环境基础上，适度发展环库区域的优质水产品养殖业，有序和适度开发小水电；在技术和资源保障基础上，适当发展林产品加工业和生物质能源产业。

3. 限制发展类产业

限制不利于资源、能源节约的产业，不利于环境和生态保护的产业，以及技术落后的产业。要严格审批新的碳化硅等项目，对于技术落后，环境不过关的铁合金、碳化硅，以及可能带来山体滑坡的建材和水泥项目要严格限制。

4. 禁止发展类产业

严格禁止污染环境严重或破坏生态的产业项目，淘汰关闭技术落后、污染严重、无后备资源的矿山开采和加工企业；对高耗能、占地面积大的工业项目也要严格禁止发展。

表 8.1　产业发展名录

项目	第一产业	第二产业	第三产业
鼓励发展类	设施农业、生态牧业、林果业，大接杏、葵花籽和洋芋等种植和基地建设，营林和护林行业，肉奶牛、家禽产业	肉类加工、清真食品和民族特需用品加工、地毯和民族刺绣产业，洋芋淀粉系列产品和薯条、薯片等休闲食品开发	商贸流通业、生态旅游、文化产业、社区服务业、特色农产品批发和交易，"东乡手抓羊肉"品牌餐饮发展
适度发展类	环库区发展优质水产品养殖	小水电开发，林产品加工，小五金加工，生物质能源开发	—
限制发展类	—	铁合金、碳化硅、水泥等产业	—
禁止发展类	—	环境污染类行业、高耗能类产业、大量占用土地类产业	—

第二节　生态建设方案

一、生态建设目标

东乡生态建设的目标，将以实施退耕还林、封山育草为中心，发展特色生态产业，完善生态补偿机制与相关政策，促使山区居民从生态破坏性主体向建设性主体转变，达到长期预防地质灾害的目的。主要有：

①坡度 25°以上土地中，有耕地 10 450.66 hm^2（15.68 万亩）。这部分耕地应全部退出，其中，海拔 1 850 m 以下的部分可适度建设经济林。

②坡度 15°～25°之间的土地中，有耕地 29 624.39 hm^2（44.44 万亩），其中梯田 1450.75 hm^2，这部分耕地可保留，其他的坡地应尽量退出，发展果木经济、林下经济和种植多年生牧草。

③坡度 15°以下的土地中，耕地 11 973.38 hm^2（17.96 万亩）。这部分耕地水热条件

良好,应以发展高效农业和设施农业为主。

近期(2010～2015)重点实施退耕还林,大力发展生态林,适度发展经济林,建立和完善退耕还林和生态建设的补贴机制,开展薪柴替代工程和高效农业试点。基本遏制生态环境破坏趋势。重视水土保持工作,使保护区及重点监督区等重要生态功能区的生态系统和生态功能得到保护与恢复;在切实抓好现有自然生态资源建设与管理的同时,抓紧建设一批新的自然生态保护示范性工程,使各类良好自然生态系统及重要物种得到有效保护;建立、健全生态环境保护监管体系,使生态环境保护措施得到有效落实;重点资源开发区的各类开发活动严格按规划进行,使生态环境破坏恢复率有较大幅度提高。最终实现全县基本自然生态系统良性循环,城乡居民生产生活环境得到较大改善。努力建设生态文明,实现人与自然、环境与经济、人与社会的和谐相处。远期(2016～2020)重点开展薪柴替代工程,推广缓坡、川道农田建设,对部分地区实施封山育林、荒山造林和生态移民,不断巩固退耕还林成果。

二、生态建设布局和建议

积极实施生态环境建设项目,切实改善全县生态环境质量。

①加强农林业产业体系建设工程。以北部春台、董岭等干旱山区为重点,积极实行退耕还林、封山育草、补植补种和项目扶持种草,扩大种草面积,大力发展灌木林、草产业,在河滩、东塬等缓坡地种植花椒、山杏、啤特果等经济型树种,全力实施防沙、固沙,维护生态平衡。

②积极实施秸秆牧草青贮氨化、揉丝打包、过腹还田、畜禽粪便堆肥发酵等技术推广和沼气池建设,推行节约型循环型畜牧业发展模式。

③实施锁南至东大坡万亩生态治理示范工程。

④按照预防为主、全面规划、综合治理、因地制宜、加强管理、注重效益的水土保持工作方针,扎实有效地开展以小流域为单元,项目建设为依托,梯田建设为重点,山、水、田、林、路、沟统一规划、规模治理的水土流失防治工作。

⑤继续维护和治理大气环境、水环境、声环境;提高能源利用率,节能降耗。

三、生态补偿机制与相关政策安排

东乡生态建设的补偿机制需解决三方面问题。首先应解决山地居民的薪柴替代问题,因地制宜,以水电、天然气、沼气、太阳能等替代薪柴,并对这些替代能源的使用给予足够的价格补贴;其次是提高生态补偿标准,能使从事生态建设的从业人员的实际收入尽快接近全国农民的平均收入水平;最后是适当延长退耕还林、退牧还草的补贴年限,考虑到东乡及洮河流域生态恢复的难度,建议一开始就确定16年的退耕还林、退牧还草规划。

1. 薪柴替代及价格补贴政策建议

为了遏制薪柴砍伐对生态环境的破坏,东乡县应尽快推进薪柴替代工程。东乡县城近期应以煤气、液化石油气来替代薪柴,逐步转向天然气,增加太阳能;水库及县域外围(地势较低的地区)的乡镇近期应以煤气、沼气来替代薪柴;地势相对较高区域的农牧民应以电能替代薪柴,逐步增加太阳能。

东乡县位于陇中南部冷温带半湿润区，属温带半干旱气候，区内地形复杂，相对高差较大，并受南部太子山的影响，冬无严寒，夏季温凉，降水稀少，分布不均，日照丰富，年均日照时数为2500～3000小时，有利于推广太阳灶和太阳能热水器。

2. 退耕还林及补贴政策建议

根据国务院《退耕还林条例》，以及《关于进一步做好退耕还林还草试点工作的若干意见》（国发[2000]24号）、《关于进一步完善退耕还林政策措施的若干意见》（国发[2002]10号）、《关于完善退耕还林粮食补助办法的通知》（国办发[2004]34号）和《关于完善退耕还林政策的通知》（国发[2007]25号）系列精神，政策可执行2个周期共16年，适合东乡县的各项补贴标准为：前八年160元/亩，后八年为80元/亩。

考虑到东乡县和洮河流域生态恢复的难度，建议一开始就确定16年的退耕计划。全县总计退耕面积为22.42万亩。建议2011年起，将上述坡地全部退耕，则中央政府前八年每年需要补贴3587.2万元；后八年每年需要补贴1 793.6万元。16年内各类补贴共计约4.3亿元。考虑到部分地区可以发展经济林和林下经济，对这部分退耕地可以适当减少政策补贴。

另据国家财政部、林业局《中央森林生态效益补偿基金管理办法》（财农[2004]169号），中央政府每年补偿5元/亩，用于重点公益林专职管护人员的劳务费或林农的补偿费。根据全国第二次土地资源调查数据，东乡现有林地27万亩，灌木林地3.1万亩，外加规划退耕的22.42万亩，每年共需中央生态效益补偿金约262.6万元。

3. 生态补偿政策建议

根据《国务院关于完善退耕还林政策的通知》和国家财政部、国务院西部地区开发领导小组办公室、国家发改委、农业部、国家林业局和国家粮食局有关《巩固退耕还林成果专项资金和管理办法》（财农[2007]327号），中央自2008年起，安排有"巩固退耕还林成果专项基金"，主要用于西部地区、京津风沙源治理区和享受西部地区政策的中部地区退耕农户的基本口粮田建设、农村能源建设、生态移民以及补植改造，并向特殊困难地区倾斜。建议东乡县加强县内缓坡和川道耕地的基本农田建设，通过提高粮食单产来提高东乡县粮食自给自足率，并根据上述通知和精神，申请中央预算内的基本建设投资和巩固退耕还林成果专项资金补助。同时建议东乡县在推进生态移民、组织荒山造林、育草等生态建设过程中，进一步申请该专项资金的支持；积极探讨多途径的造林融资体制和生态补偿机制。

第三节　其他主要产业发展建议

一、种植业发展建议

东乡族自治县是一个以种植业为主的农业县，农作物以洋芋、小麦、玉米为主。全县总耕地面积36.78万亩，占全县土地面积的16.24%，人均耕地面积1.3亩。建议种植业发展重点关注以下几个方面（见图8.1）：

(a) 大接杏　(b) 东乡洋芋助农增收

(c) 东乡手抓羊肉　(d) 东乡族刺绣作品

(e) 东乡鱼哈池拱北　(f) 东乡族服饰

图 8.1　东乡县特色产品和民族文化

1. 近期保证一定规模的粮食生产用地，逐步向高产高效农业推进

东乡县内主要产粮区集中于洮河、大夏河、巴谢河川区及部分黄土塬面，而占耕地面积达 80% 以上的山旱地产量很低，仅为 70 ~ 150 kg/亩。东乡县坡度 15°以下的土地中，耕地 11 973.38 hm^2(17.96 万亩)。这部分耕地水热条件良好，应以发展高效农业和设施农业为主，尽可能提高县域人口的粮食自给率，逐步向高产高效农业推进。

2. 挖掘土地资源潜力，大力发展林果业和洋芋

县内河川坝地区发展经济林果具有优越的自然条件，大接杏、花椒更具有区域优势。“天水的苹果安宁的桃，唐汪川大接杏是一宝”。久负盛名的大接杏因盛产于唐汪川而有唐汪大接杏之称。“东乡洋芋”也是餐桌上非常有名的一道菜，而洋芋种植也是应大力发展的产业。

3. 积极推广节水技术，挖掘特色农产品并培育农贸市场

积极推广全膜双垄沟播等高效旱作农业节水技术，建设一批旱作农业示范点；继续保持和巩固马铃薯支柱产业发展，深入拓展马铃薯运销、加工等产业链条，建设脱毒种薯、商品薯生产基地；继续深入挖掘特色产业，全力推动唐汪大接杏、葵花籽、东乡洋芋等特色名优农产品开发和市场贸易。

二、畜牧业建议

畜牧业是东乡县的一项重要产业，2010 年畜牧业总产值占县工农业总产值的 28%，占农林业总产值的 43%。畜牧业产业发展以规模养殖和千家万户养殖相结合，散户养殖为重点。综合考虑草地资源和饲草种植畜牧业发展现状与问题以及生态保护目标，畜牧业发展应重点关注以下几个方面。

1. 大力开展人工种草，发展优质牧草

根据 2010 年东乡县生态足迹计算结果，草地土地类型出现供不应求的状况，人均赤字 0.92 hm^2，这表明草地退化严重，饲养牲畜除了草场草饲外，还需耕地种草来补饲。今后畜牧业发展中应大力开展人工种草，发展紫花苜蓿、黑麦草、串叶松草、鲁梅克斯等优质牧草，不断提高牧草种植的机械化水平，同时积极实施秸秆牧草青贮氨化、揉丝打包、过腹还田、畜禽粪便堆肥发酵等技术推广和沼气池建设，推行节约型循环型畜牧业发展模式。

2. 改变饲养方式，推广标准化养殖

县内草场退化，坡度过大，在这样的地区，粗放的牲畜放养方式既不利于陡坡植被保护，更不利于水土流失防治与生态保护，今后应全面改变饲养方式，改放养为圈养，积极推广标准化养殖。在退耕还林和林草间作的退耕还林地区，更要发展舍饲圈养。

3. 加快良种繁育基地建设，提高畜产品质量

优良品种是提高养殖效益的重点，区域草饲畜牧业和圈养养殖发展过程中，应抓好品种选育和良种培育，提高畜产品质量，应制定育种方案，合理搭配畜群结构，同时抓好规模养殖和散户养殖，提高饲养效益，为打造面向兰州的鲜羊肉配送基地和区域物流商贸集散地，为尽快融入兰州都市圈奠定坚实的基础。

4. 强化科技服务，积极推进畜牧业和畜产品加工产业化

强化畜牧业科技服务体系，定期对农户进行饲养管理、疫病防治、牧草种植等适用技术培训；积极培育龙头企业；大力发展养殖专业协会和专业合作经济组织，解决养殖户中出现的技术、销售等方面的问题。以开发、培植和壮大“东乡手抓羊肉”等特色优势产业和品牌产业为切入点，进一步优化调整产业结构，加快发展高产、优质、生态、高效畜牧水产业，促进产业升级。以转变畜牧水产业生产方式为目标，以发展规模养殖为基础，以科技进步、标准化生产为支撑，坚持集中财力办大事的原则，积极争取特殊政策性扶持，加大畜牧业资金投入，采取政府引导，适当扶持，市场运作，企业为主体的方式，以公司加基地加农户的模式，提高组织化程度，延长畜牧产业链条，加大对龙头企业的扶持力度。

三、生态旅游业建议

东乡族自治县是甘肃三个特有少数民族之—东乡族的发祥地，自治县具有独特的自然风光、丰富绚丽的人文景观和纯朴浓厚的民俗风情底蕴，孕育了多姿多彩的自然景观和丰富的民族、文化景观，遍布甘宁青的“东乡手抓”更是成为了东乡县的一张名片，为区域的民族性、生态性旅游业发展奠定了很好的基础。

在漫长的历史岁月中，繁衍生息在这片土地上的各族人民，创造了灿烂的文化，境内分布着新石器时期丰富的马家窑、辛店、齐家、寺洼等文化类型，有林家、唐汪山神庙等文

化遗址，以及丰富的古动物化石，中国传统式的雕梁画栋或阿拉伯式的塔楼穹顶、风格迥异的清真寺、拱北随处可见，洋溢着浓郁的民族风情，还有水域辽阔、碧波浩渺的刘家峡库区等旅游资源。利用这些资源，发展生态旅游的建议有：

①加强组织领导，采取政府主导、市场运作的方式大力发展旅游业。筹建东乡县旅游公司，完善旅游服务体系。

②突出民族特色，打造民族旅游品牌。有选择地开放一批具有代表性的清真寺和拱北，编制最佳旅游线路，推出“穆斯林民族宗教文化游”，选择一部分体现民族建筑艺术和特色的民居为旅游点，接待体验穆斯林生活的游客，打造真正具有民族特色的旅游品牌。

③推进宾馆饭店、旅行社的发展，为生态旅游业提供必备的服务设施。

④积极宣传推介，树立东乡旅游新形象。县上可通过举办东乡族文化艺术节，宣传民族特色，展示东乡文化。编辑、出版、发行以介绍东乡风光、民俗风情为主的宣传册、纪念册和光碟等影像制品。在主要交通干线用广告、版画等形式，设置导游示意图。

⑤注重和加强培训，建设旅游专业队伍。积极委托省内外大专院校系统培训本县旅游发展所需的各类人才，提高旅游管理水平。

⑥立足资源优势，建设地方特色旅游景观。强化对库区沿岸基础设施的建设规划，吸引更多的企业前来投资开发旅游资源。充分利用刘家峡库区沿岸的旅游资源，充分挖掘唐汪杏花村、河滩风景区、达板经济园区等特色资源，建设一批沿库集休闲、娱乐、度假、餐饮的旅游胜地，做大大夏河、黄河、洮河等水源区的生态旅游。

参 考 文 献

[1] 东乡族简史编写组. 东乡族简史[M]. 北京:民族出版社,2008.

[2] 陈其斌. 东乡社会研究[M]. 北京:民族出版社,2006.

[3] 东乡族自治县概况编写组. 东乡族自治县概况[M]. 北京:民族出版社,2008.

[4] 甘肃省东乡族自治县地质灾害调查与区划报告编写组. 甘肃省东乡族自治县地质灾害调查与区划报告(内部资料). 2003.

[5] 东乡族自治县统计局. 东乡五十年(1950－2000)(甘肃省统计局内部资料). 2000.

[6] 王凯,张险峰. 舟曲灾后重建规划——高山峡谷地区城镇发展再思考[J]. 城市规划通讯,2011(22):13-15.

[7] 陈蓓蓓,李华燊,吴瑶. 汶川地震灾后重建理论述评[J]. 城市社会学,2011,18(3):105-111.

[8] 杨文凯,杨文月,杨文荣. 基于气象角度的临夏州四季分布规律分析[J]. 现代农业科技,2011(5):297-300.

[9] 刘东生,孙继敏,吴文祥. 中国黄土研究的历史、现状和未来——一次事实与故事相结合的讨论[J]. 第四纪研究,2011,21(3):185-207.

[10] 马吉. 在甘肃省东乡族自治县成立60周年庆祝大会上的讲话[N]. 民族日报,2010-07-27(004).

[11] 马青林. 在东乡族自治县成立60周年庆祝大会上的讲话[N]. 民族日报,2010-07-27(004).

[12] 郝时远. 民族自治地方经济社会发展任重道远(上)[N]. 中国民族报,2011-04-01(005).

[13] 郝时远. 民族自治地方经济社会发展任重道远(下)[N]. 中国民族报,2011-04-08(005).

[14] 刘江荣. 东乡族经济史研究[D]. 北京:中央民族大学,2011.

[15] 李占魁. 临夏回族自治州特色经济研究[D]. 兰州:兰州大学,2010.

[16] 张利洁. 东乡族贫困与反贫困问题研究[D]. 兰州:兰州大学,2006.

[17] 陈其斌. 东乡经济社会特征分析[D]. 兰州:兰州商学院,2006.

[18] 王克林. 生态脆弱区域农业与环境协调发展策略[J]. 中国生态农业学报,2001,9(3):86-88.

[19] 卢艳丽,丁四保,王荣成,等. 生态脆弱地区的区域外部性及其可持续发展[J]. 中国人口·资源与环境,2010,20(7):68-73.

[20] 王莉萍. 我国生态脆弱地区林分退化成因分析及修复措施[J]. 农业科学研究,2010,31(2):63-67.

[21] 贾科利,张俊华. 生态脆弱区土地利用时空格局变化分析——以宁夏中部干旱带为例[J]. 干旱地区农业研究,2011,29(3):221-225.

[22] 刘梅娟. 森林自然资本——公允价值计量研究[M]. 北京:中国农业出版社,2010.

[23] 舟曲灾后重建资源环境承载能力评价报告工作组. 舟曲灾后重建资源环境承载能力评价报告(内部资料). 2010.

[24] 樊杰. 玉树地震灾后恢复重建资源环境承载能力评价[M]. 北京:科学出版社,2010.

[25] 甘肃省地震环境监测院. 甘肃省东乡族自治县县城特大地质灾害综合治理工程可行性研究报告(内部资料). 2011.

[26] 东乡族自治县统计局. 东乡族自治县统计年鉴(1972－2010)(内部资料). 2011.

[27] 东乡族自治县民政局. 东乡族自治县历史灾情汇总(内部资料). 2010.

[28] 东乡族自治县气象局. 东乡及其邻近地区气象站基本气象资料(1972－2011)(内部资料). 2011.

[29] 司康平,田原,汪大明,等. 滑坡灾害危险性评价的3种统计方法比较——以深圳市为例[J]. 北京大学学报(自然科学版)网络版,2008,4:19-26.

[30] 丛威青,潘懋,李铁峰,等. 基于 GIS 的滑坡、泥石流灾害危险性区划关键问题研究[J]. 地学前缘,2006,13(1):185-190.
[31] 穆鹏. 甘肃舟曲江顶崖滑坡成因及稳定性分析[J]. 中国水利,2011,4:50-52.
[32] 吴玮江,王念秦. 甘肃滑坡灾害[M]. 兰州:兰州大学出版社,2006.
[33] 肖学沛,李天斌,张志龙. 三峡水库区严家坡滑坡成因分析及稳定性评价[J]. 中国地质灾害与防治学报,2005,16(1):39-43.
[34] 安海堂,刘平. 新疆伊犁地区黄土滑坡成因及影响因素分析[J]. 地质灾害与环境保护,2010,21(3):22-25.
[35] 许领,戴福初,闵弘. 黄土滑坡研究现状与设想[J]. 地球科学进展,2008,23(3):236-242.
[36] 王念秦,张倬元. 黄土滑坡研究[M]. 兰州:兰州大学出版社,2005.
[37] 徐张建,林在贯,张茂省. 中国黄土与黄土滑坡[J]. 岩石力学与工程学报,2007,26(7):1297-1312.
[38] 王毅. 基于灾后重建经验的新农村建设规划设计初探[D]. 成都:西南交通大学,2010.
[39] 王浩. 灾后基础设施重建规划环评环境影响识别及指标体系研究——以"汶川地震甘肃灾后重建基础设施专项规划环境影响评价"为例[D]. 兰州:西北师范大学,2009.
[40] 白晓华,吴玮江,冯乐涛. 甘肃东部滑坡的 GIS 分析评价[J]. 中国水土保持,2007(4):55-56.
[41] 洪嘉祥. 甘肃东部滑坡遥感调查分析评价[J]. 中国水土保持,2005(9):8-9.
[42] 赵洪涛. 甘肃中南部滑坡、泥石流灾害机制及防灾可持续发展研究[D]. 兰州:兰州大学,2010.
[43] Rees W E. Revisiting Carrying Capacity: area-based indicators of sustainability. Pop Environment,1996,17:195.
[44] Wackernagel M, Rees W E. Our Ecological Footprint: Reducing Human Impact on the Earth. Gabriola Island: New Society Publishers. 1996
[45] 徐中民,张志强,程国栋,等. 中国 1999 年生态足迹计算与发展能力分析[J]. 应用生态学报,2003,14(2):280-285.
[46] Wackernagel M, Onisto L, Bello P et al. National natural capital accounting with the ecological footprint concept. Ecological Economics,1999,29 (3):375-390.
[47] Wackernagel M, Lewan L, Hansson C B. Evaluating the use of natural capital with the ecological footprint: applications in Sweden and sub regions. Ambio,1999,28 (7):604-612.
[48] 徐中民,张志强,程国栋. 甘肃省 1998 年生态足迹计算与分析[J]. 地理学报,2000,55 (5):607-616.

生态经济译库珍藏本系列

花开富贵珍藏本:【生态经济学】(第一版)
云卷云舒珍藏本:【增长与发展】
溪行山中珍藏本:【统一地理学】
珠落玉盘珍藏本:【生态经济学】(第二版)
雁荡风清珍藏本:【文化理论】
疏影暗香珍藏本:【生态:上升性视角】
枫叶如丹珍藏本:【生态经济学学习手册】
乘风破浪珍藏本:【生态经济学中的消费】

生态经济文库珍藏本系列

日出其中珍藏本:【生态经济的研究进展:理论篇】
宁静致远珍藏本:【东乡灾后重建资源环境承载能力评价】
行云流水珍藏本:【张掖转型的理论与实践:静看蜂教诲】
清风徐来珍藏本:【甘肃省生态补偿机制研究】

文库译库待印珍藏本系列

大江东去珍藏本:《生态经济的研究进展:实践篇》
大漠孤烟珍藏本:《可持续或是崩溃》
水流花开珍藏本:《集成的水资源管理研究》
九天揽月珍藏本:《第三窗口》